FORSCHUNGSBERICHTE DES LANDES NORDRHEIN-WESTFALEN

Nr. 2068

Herausgegeben im Auftrage des Ministerpräsidenten Heinz Kühn
von Staatssekretär Professor Dr. h. c. Dr. E. h. Leo Brandt

Dr.-Ing. Wolfgang Bischofsberger

Wuppertal-Barmen

Biologische Behandlung von Kokereiabwasser und seine Wiederverwendung als Brauchwasser im Kokereibetrieb

Aus dem Arbeitsgebiet der Emschergenossenschaft, Essen

Springer Fachmedien Wiesbaden GmbH 1970

ISBN 978-3-663-20030-7 ISBN 978-3-663-20385-8 (eBook)
DOI 10.1007/978-3-663-20385-8

Verlags-Nr. 012068

Ursprünglich erschienen bei West deutscher Verlag GmbH, Köln und Opladen 1970.

Vorwort

Seit man feststellen mußte, daß die Abwässer der Kohlenwertstoff-Industrie den Vorflutern erhebliche Schäden zufügen können, fehlte es nicht an Bemühungen, die giftigen und schädigenden Bestandteile aus dem Abwasser der Kokereien, Gaswerke und Schwelereien zu beseitigen. Soweit technisch möglich, bediente man sich der verschiedensten Verfahren zur Stoffrückgewinnung, um die verwertbaren Inhaltstoffe einer weiteren Verwendung zuzuführen und damit die Kosten der Abwasserreinigung zu senken.

Mit fortschreitender Entwicklung der Synthese wurden die Verfahren zur Gewinnung von Phenolen, Ammoniak und anderen Stoffen aus den Abwässern zunehmend unrentabel, so daß die Verfahren zur Vernichtung der Schadstoffe trotz hoher Aufwendungen steigende Beachtung fanden. Dabei suchte man nach Wegen, bei möglichst einfacher Betriebsweise mit geringstem Aufwand den größtmöglichen Effekt zu erzielen. Da die Zusammensetzung der Abwässer aus der Kohlenwertstoffgewinnung günstige Voraussetzungen für die biologischen Stoffwechselprozesse bietet, war es naheliegend, die biologische Abwasserreinigung auf ihre Anwendbarkeit zu überprüfen.

Aufbauend auf den Ergebnissen von früheren Untersuchungen deutscher und englischer Wissenschaftler hat die Emschergenossenschaft in jahrelangen Versuchen die Leistungsfähigkeit eines mehrstufigen biologischen Reinigungsverfahrens untersucht. Dabei waren nicht nur die Bedingungen für einen optimalen Wirkungsgrad, sondern auch die voraussichtlichen Aufwendungen für Investitionen und Betrieb festzustellen und die Möglichkeiten einer Weiterverwendung des biologisch gereinigten Abwassers zu untersuchen.

Die Ergebnisse der mehrjährigen Untersuchungen weisen Wege für eine sichere Bemessung derartiger Anlagen, zeigen aber auch, daß hohe Aufwendungen gemacht werden müssen, um die im Vorfluter nicht erwünschten Inhaltstoffe eines Kokereiabwassers auf Minimalwerte zu reduzieren. Andererseits läßt sich das gereinigte Abwasser nur in beschränktem Umfang im Kokereibetrieb wiederverwenden. Es ist daher beim Einsatz biologischer Verfahren zur Reinigung der Abwässer aus Kohlenwertstoffanlagen sehr sorgfältig abzuwägen, wie weit der Reinigungsgrad getrieben werden muß und was der Vorfluter noch vertragen kann. In manchen Fällen ist auch zu überlegen, ob eine Reinigung gemeinsam mit anderen Abwässern in einer Zentralkläranlage zweckmäßiger ist, wie dies zum Beispiel in Brebach an der Saar oder im Emschergebiet bei der Mündungskläranlage geschieht. Die vorliegenden Untersuchungsergebnisse und Kostenansätze bilden eine gute Grundlage für derartige Gegenüberstellungen.

Baudirektor Dr.-Ing. E. Knop

Inhalt

1. Veranlassung der Versuche ... 7
   1.1 Beschaffenheit von Kokereiabwasser ... 7
   1.2 Schädliche Wirkung von Kokereiabwasser-Bestandteilen ... 9
   1.3 Reinigungsverfahren für phenolhaltiges Abwasser ... 10

2. Ziel der Untersuchungen ... 12

3. Aufbau der Versuchsanlagen ... 12
   3.1 Versuchsanlagen nach dem Belebungsverfahren ... 13
   3.2 Mehrstufige Anlage nach dem Belebungs- und Tropfkörperverfahren . 14
   3.3 Meßeinrichtungen der Versuchsanlage ... 15
   3.4 Versuchseinrichtungen im Labormaßstab ... 15

4. Versuchsprogramm ... 15

5. Grundlagen der biologischen Reinigungsverfahren ... 16

6. Beschaffenheit des untersuchten Abwassers ... 19

7. Versuchsdurchführung ... 20
   7.1 Einarbeitung der Versuchsanlage ... 20
   7.2 Probenahme und Analysen ... 22

8. Auswertung der Versuchsergebnisse ... 22
   8.1 Betriebsbedingungen ... 23
   8.1.1 Einfluß der Temperatur ... 23
   8.1.2 Einhaltung des pH-Bereiches ... 24
   8.1.3 Nährstoffversorgung der Mikroorganismen ... 25
   8.1.4 Erforderlicher Sauerstoffbedarf ... 25
   8.2 Abbau der Phenole ... 26
   8.2.1 Belastung und Wirkungsgrad ... 26
   8.2.2 Einstufige und mehrstufige Behandlung ... 28
   8.3 Abbau der Rhodanide und Cyanide ... 29
   8.3.1 Grenzkonzentrationen und Belastungen ... 29
   8.3.2 Einstufige und mehrstufige Behandlung ... 31
   8.4 Stickstoffverbindungen ... 31
   8.4.1 Umwandlung und Abbau des Ammoniakstickstoffes ... 32
   8.4.2 Belastungen und Betriebsbedingungen ... 32

9. Sauerstoffbedarf und Sauerstoffeintrag ... 34
   9.1 Sauerstoffbilanz ... 35
   9.2 Wahl des Belüftungssystems ... 36
   9.3 Energiebedarf ... 37

10. Bemessung von Betriebsanlagen 38
10.1 Grenzkonzentrationen 38
10.2 Belastungsgrößen 39
10.3 Auslegung der Anlageteile 40

11. Kostenermittlungen 41
11.1 Investitionskosten 41
11.2 Betriebskosten 41

12. Wiederverwendung des gereinigten Wassers 42
12.1 Verwendung als Kokslöschwasser 43
12.2 Verwendung als Kühl- oder Brauchwasser 44

Zusammenfassung 45

Literaturverzeichnis 47

Anhang

a) Tafeln 50

b) Abbildungen 70

1. Veranlassung der Versuche

Unter den industriellen flüssigen Abgängen zählt phenolhaltiges Abwasser zu den unangenehmsten. Nicht allein wegen der vorhandenen Phenole, sondern auch wegen der zwangsläufig enthaltenen Begleitstoffe verschiedenster Art kann es im Vorfluter durch toxische oder sauerstoffzehrende Wirkungen zu großen und nachhaltigen Schäden führen. Dabei sind nicht nur die direkten Auswirkungen auf Flora und Fauna des Gewässers von Bedeutung, sondern auch die mittelbaren Beeinträchtigungen von Brauch- und Trinkwasser, die oft auch dann noch feststellbar sind, wenn lange Fließstrecken durchlaufen oder eine Bodenfiltration in das Grundwasser vorgenommen wurden.
Den mengenmäßig größten Anteil des phenolhaltigen Abwassers bilden die Abläufe der Kokereien und Gaswerke. So wurden z. B. im Jahre 1961 in der Bundesrepublik 49,5 Mill. t Koks erzeugt [1], wobei rd. 12 Mill. m^3 Gaskondensat und entsprechend etwa 60 Mill. m^3 Kokerei- und Gaswerksabwasser mit rd. 400 g/m^3 Phenolen entstanden sind. Hiervon entfallen etwa 75% auf die Zechenkokereien, 15% auf die Hüttenkokereien und 10% auf die Gaswerke. Bei einem mittleren Phenolgehalt von 2 kg/m^3 Gaskondensat sind demnach 1961 etwa 24000 t Phenole in dem Abwasser der Kokereien und Gaswerke angefallen. Von dieser Menge wurden durch chemische Verfahren rd. 10000 t zurückgewonnen und der Industrie zur weiteren Verarbeitung zugeführt (Abb. 1)*. Da nur in einigen Betrieben eine Nachbehandlung des Abwassers vorgenommen wird, flossen den Vorflutern mehr als 50% der anfallenden Phenole zu.
Dem Reinigungsverfahren von Kokereiabwasser ist wegen seiner Schädlichkeit schon immer viel Beachtung geschenkt worden. Da die Reinigung mit einem großen Kostenaufwand verbunden ist, und andererseits die Phenole ein wichtiger Grundstoff für viele Produkte der chemischen Industrie sind, hat man die Frage der Reinigung mit der Gewinnung der Inhaltsstoffe aus dem Kokereiabwasser verknüpft (Abb. 2). Die ständig steigende Produktion von synthetischen Phenolen (Tafel 1) hat in den letzten Jahren die Phenolgewinnung aus Kokereiabwasser jedoch unrentabel gemacht. Aus diesem Grunde wird den biologischen Reinigungsverfahren zunehmend Beachtung geschenkt, wobei man hohe Wirkungsgrade bei möglichst geringem Kostenaufwand anstrebt.

1.1 Beschaffenheit von Kokereiabwasser

Die natürlich vorkommenden Phenole und Basen sind in den Teeren und wässerigen Kondensaten enthalten, die bei der thermischen Behandlung von Kohlen (Verkokung und Schwelung) anfallen. Die Verbindungen liegen in Form von Gemischen und Homologen vor. Anfall und Beschaffenheit der Flüssigkeiten hängen von den Eigenschaften der eingesetzten Kohle, von den Verkokungsbedingungen und von dem Verfahren ab, das man für die Reinigung des Rohgases, für seine Kühlung und für die Ammoniakgewinnung anwendet.
Das Schema in Abb. 3 zeigt die einzelnen Verfahrensschritte einer Kokerei mit indirekter Ammoniakgewinnung. Beim Abkühlen des heißen Rohgases durch direktes Besprühen mit Wasser und in den Gaskühlern entsteht ein hochkonzentriertes *Gaskondensat*, bei dem im vorliegenden Fall nach Abscheidung des Teeres eine Extraktion der Phenole vorgenommen wird. Mit dem entphenolten Kondensat wäscht man an-

* Die Abbildungen und Tafeln stehen im Anhang ab Seite 50.

schließend das Ammoniak aus dem Gas. Wegen seines hohen Gehaltes an Ammoniumverbindungen wird der Ablauf des Ammoniakwaschers mit *Ammoniakwasser* bezeichnet. Das Ammoniak wird hier indirekt durch Abtreiben mit Dampf gewonnen. Der Ablauf des Abtreibers ist eine der Abwasserquellen einer Kokerei, er liefert das *Abtreiberabwasser*. Aus den Brüden der Ammoniak- und Schwefelabtreiber werden Ammoniumsulfat und Schwefelsäure gewonnen. Bei der Abkühlung der Brüden bildet sich als weiterer Abwasserstrom das hochkonzentrierte *Brüdenkondensat*. Schließlich fällt bei der Benzolgewinnung und seiner Reinigung stark verunreinigtes *Scheidewasser* an. Neben diesen drei wesentlichsten Abwasserarten sind im Gesamtabwasser einer Kokerei noch Dampfkondensate, Abschlämmwasser aus Kühl- und Löschwasserkreisläufen und sanitäres Abwasser enthalten.

Die Zusammensetzung der wässerig-teerigen Lösungen schwankt stark. So ist z. B. die Konzentration der meisten Kohlenwertstoffe in den Flüssigkeiten von den Entgasungstemperaturen abhängig, d. h. die Konzentration steigt mit abnehmender Temperatur. Eine entscheidende Rolle spielt die Art der Kühlung und der Waschung des Gases. Die Konzentration der einzelnen Komponenten schwankt daher in weiten Grenzen und ist teilweise sogar jahreszeitig unterschiedlich, weil von der Außentemperatur sowohl die Kühlung als auch die einzusetzende Menge Waschwasser beeinflußt werden.

Einen erheblichen Anteil der Abwasserinhaltsstoffe der Kohleveredlung bilden die gelösten Ammonium-Verbindungen. Die gelösten Ammonium-Verbindungen werden nach gebundenem und flüchtigem Ammoniak unterschieden. Nach BECKER–BOOST [2] rechnet man im Durchschnitt mit 10–30% gebundenem Ammoniak, wobei die Gesamtkonzentration an Ammonium-Verbindungen bei üblicher Betriebsweise zwischen 8 und 20 g NH_3 je Liter Ammoniakwasser beträgt. In Kondensaten kann der Anteil an gebundenem Ammoniak bis zu 60% betragen. Die anderen nicht flüchtigen Salze entstehen erst später durch Wechselwirkungen zwischen schwefel- und cyanhaltigen Bestandteilen und durch Reaktionen mit der Luft. In Tafel 2 sind außer gebundenen und flüchtigen Ammonium-Verbindungen noch gelöste und dispergierte organische Verbindungen aufgeführt. Auch diese Bestandteile lassen sich in flüchtige und nichtflüchtige unterteilen. Ein- und mehrwertige Phenole und Carbonsäuren (Essigsäure) sowie Benzol und Homologe sind mit Wasserdampf flüchtig. Während teerige und ölige Bestandteile und Naphthalinreste überwiegend im Abtreiberabwasser enthalten sind, findet man Pyridinbasen in den Abtreiberschwaden. Schließlich werden bei der Verkokung noch einige anorganische Kationen verflüchtigt, wie z. B. Zinn, Zink und Germanium. Mit dem Frischwasser der Ammoniakwäsche gelangen bei indirekt arbeitenden Anlagen noch weitere anorganische Fremdbestandteile in das Ammoniakwasser, wie Kalzium, Magnesium u. a.

Im Teer und Ammoniakwasser sind neben einwertigen Phenolen auch mehrwertige Phenole enthalten. Der einfachste Vertreter der einwertigen Phenole ist das Phenol, das auch als Karbolsäure bezeichnet wird. Sein Schmelzpunkt liegt bei 40,9°, sein Siedepunkt bei 181,75°. Phenol ist mit Wasser oberhalb 65,3° in allen Verhältnissen mischbar. Unterhalb dieser Temperatur bilden sich zwei Schichten, eine phenolreiche und eine wasserreiche. Bei Zimmertemperatur lösen sich ca. 7% Phenol in Wasser und ca. 27% Wasser in Phenol. Die Kresole sind weniger wasserlöslich. Die Temperatur, bei der die Kresole mit Wasser in jedem Verhältnis mischbar sind, liegt für o-Kresol bei 168,9°, für m-Kresol bei 148,8° und für p-Kresol bei 142,6°. Die Wasserlöslichkeit der höheren Alkyl-Phenole sinkt mit steigendem Molekulargewicht und kann bei den Phenolen mit mehr als 8 Kohlenstoffatomen vernachlässigt werden. Die zweiwertigen Phenole sind infolge ihrer beiden Hydroxylgruppen sehr wasserlöslich, wobei Hydrochinon im Vergleich zu Brenzcatechin und Resorcin die geringste Löslichkeit aufweist. Die einwertigen

Phenole lassen sich leicht oxydieren. Mehrwertige Phenole sind besonders leicht oxydierbar, wenn die Hydroxylgruppen in o- oder p-Stellung stehen, wie beispielsweise in Brenzcatechin bzw. Hydrochinon [4].
In der Tafel 3 sind die im Hinblick auf die weitere Behandlung des Ammoniakwassers wichtigen anorganischen und organischen Stoffe von Gaswerksabwasser und ihr Konzentrationsbereich aufgeführt. Die spezielle Zusammensetzung von einigen Kokereiabwasserarten aus dem rheinisch-westfälischen Industriegebiet zeigt die Zusammenstellung der Tafel 4. Hier sind die Mittelwerte aus 24stündigen Untersuchungen der Emschergenossenschaft angegeben [5].
Außerordentlich konzentriert ist das Abwasser von Braunkohlenschwelereien [6]. Es hat vor allem einen sehr hohen Gehalt an mehrwertigen Phenolen und enthält außerdem flüchtige Fettsäuren und andere Begleitstoffe. Nähere Angaben über die Zusammensetzung eines Braunkohlen-Schwelwassers macht Becher [7]. Von den in Tafel 5 angeführten Phenolen sind die drei ersten als einwertige Phenole leicht, die übrigen (Brenzcatechin, Resorcin, Hydrochinon, Phloroglucin) schwer oder kaum flüchtig. Auch Meissner [8] berichtet über Untersuchungen, die er mit Abwasser von insgesamt 16 verschiedenen Betrieben der kohleveredelnden Industrie im mitteldeutschen Raum durchgeführt hat.

1.2 Schädliche Wirkung von Kokereiabwasser-Bestandteilen

Von den zahlreichen Inhaltsstoffen eines Kokerei- oder Gaswerksabwassers sind einige in so hohen Konzentrationen enthalten, daß sie für die Gewässer besonders schädlich sind. Hierzu gehören in erster Linie Phenole, Cyanide, Schwefelwasserstoff und Ammoniak. Sie wirken in bestimmten Konzentrationen toxisch auf Flora und Fauna, deren optimale Lebensbedingungen außerdem durch die Sauerstoffzehrung oxydierbarer Verbindungen vermindert werden.
Schadwirkungen von Phenolen auf Fische und Fischnährtiere sind an verschiedenen Stellen im Schrifttum ausführlich beschrieben worden [9–12]. Die Ergebnisse solcher Untersuchungen müssen zwangsläufig in relativ weiten Grenzen schwanken, da sie sehr stark abhängig sind von der Versuchsanordnung, der Versuchsdurchführung, der Art der verwendeten Testorganismen sowie den Nebenwirkungen der Begleitstoffe in dem untersuchten Abwasser. Um eine generelle Übersicht über die Schädlichkeit von Kokereiabwasser-Bestandteilen zu geben, wurde in Tafel 6 eine Auswahl verschiedener, in der Literatur angegebener Schädlichkeits- und Tödlichkeitsgrenzen für Fische zusammengestellt [3].
Die angegebenen Grenzkonzentrationen können auch deshalb nur mit Vorbehalt gelten, da selbst bei ausreichender Verdünnung des eingeleiteten Abwassers im Vorfluter Flora und Fauna der Gewässer an den Einlaufstellen und den oft recht langen Durchmischungsstrecken noch sehr geschädigt werden können. Weiterhin ist auch die Geschmacksbeeinträchtigung des Wassers durch Phenole oder andere Kokereiabwasser zu berücksichtigen. Abgesehen von Geschmacksbeeinflussungen bei Fischen verursachen die Phenole und auch andere Stoffe Geschmacksveränderungen im Trinkwasser, z. B. Naphthalin und Benzol. Sobald diesem bei der Aufbereitung Chlor zugesetzt wird, tritt der allgemein bekannte, unangenehme Chlor-Phenol-Geschmack und -Geruch auf. Bei flüchtigen Phenolen liegt der Schwellenwert des Chlor-Phenol-Geschmackes zwischen 0,01 und 0,00002 mg/l. Bei fast allen Phenolen tritt der Chlor-Phenol-Geschmack wesentlich früher auf, wenn das Wasser im sauren Bereich liegt. Demnach ist für die Mehrzahl der flüchtigen Phenole die Geschmacksschwelle weit niedriger als der Phenolgehalt, den Vorflutgewässer aufweisen können, denen phenolhaltiges Wasser zugeführt

wird. Über das Geschmacks- und Geruchspotential der anderen Bestandteile im Kokereiabwasser sind weniger genaue Angaben bekannt.
Auch die Anhebung der Temperaturen im Vorfluter durch das Einleiten heißen Kokereiabwassers kann schwerwiegende Wirkungen auf das Leben im Wasser ausüben. Die Schädlichkeit vieler Chemikalien für Fische wird durch die Erhöhung der Wassertemperatur gesteigert. Ebenso erhöht sich mit zunehmender Temperatur die Stoffwechselgeschwindigkeit und der Sauerstoffbedarf der Lebewesen. Schließlich sei noch erwähnt, daß auch teerige und ölige Abscheidungen Schäden im Vorfluter hervorrufen, da sie sauerstoffundurchlässige Schichten an der Wasseroberfläche oder an den Atmungsorganen der Lebewesen bilden.

1.3 Reinigungsverfahren für phenolhaltiges Abwasser

Die rasche technische Entwicklung nach der Jahrhundertwende führte zu einem spontanen Anstieg des Stahl-, Koks- und Gasbedarfes und damit zu einer deutlichen Zunahme der Gewässerverschmutzung insbesondere in den Ballungszentren der Stahl- und Kohleindustrie. Es ist daher verständlich, daß man sich gerade in den Industriegebieten Englands und Deutschlands intensiv um eine Besserung der wasserwirtschaftlichen Verhältnisse sowohl zur Bereitstellung ausreichender Wassermengen, als auch zur Verbesserung der Wasserqualität bemühte. Da man sehr früh die besonders schädlichen Einflüsse des Abwassers aus Kokereien und Gaswerken erkannt hatte, begannen auch zu dieser Zeit bereits die ersten Untersuchungen und Versuche für ihre Reinigung [13]. Zum besseren Verständnis der heute gebräuchlichen Reinigungsverfahren soll der folgende kurze Abriß ihrer Entwicklung dienen.
Nachdem 1899 in der Kläranlage Oldbury in England erstmalig festgestellt worden war, daß unbefugt eingeleitetes Abwasser einer Gasanstalt mitbehandelt wurde, ohne merkliche Schäden im biologischen Teil der Anlage zu verursachen, hat Fowler [14] bereits kurz nach der Jahrhundertwende systematische Versuche mit Tropfkörpern durchgeführt. Parallel dazu hat er im Labormaßstab eine Separierung der phenolabbauenden Mikroorganismen versucht. Auf Grund der Ergebnisse dieser Versuche wurde 1911 von der Bradford Gas Committee die erste Großanlage zur biologischen Reinigung von phenolhaltigem Gaswaschwasser erstellt, eine Tropfkörperanlage mit 405 m^2 Oberfläche und 2,5 m Höhe.
Nach einer Besichtigung dieser Anlage durch eine Kommission der Emschergenossenschaft wurde 1913 auf der Kläranlage Essen-Stoppenberg eine Versuchsanlage für das Kokereiabwasser der Zeche Helene-Amalie in Betrieb genommen, um das Fowlersche Verfahren zu erproben. Diese Versuche, die im ersten Weltkrieg unterbrochen und 1919 wieder aufgenommen worden waren, sind von Bach [15] beschrieben worden. Man fand eine Bestätigung der Ergebnisse von Fowler und eine etwas höhere Belastbarkeit bei geringerer Verdünnung des Kokereiabwassers. Von der Errichtung einer Großanlage wurde Abstand genommen, da Investitions- und Betriebskosten zu hoch erschienen. Da die Belastung mit nur 45 g Phenol/$m^3 \cdot d$ angenommen wurde, wären 5400 m^3 Tropfkörper für die Behandlung von 240 m^3 Kokereiabwasser/d mit 1 kg/m^3 Phenol notwendig gewesen.
In Anlehnung an das inzwischen entwickelte Belebungsverfahren hat die Emschergenossenschaft 1924 Versuche mit dem sogenannten Emscher-Filter, einem zwangsbelüfteten Tauchkörper, durchgeführt. Über die Ergebnisse berichteten Helbing [16] und Bach [17] ausführlich. Die Versuche führten zur Errichtung einer Betriebsanlage auf der Zeche Helene. Um eine ausreichende Konzentration von belebtem Schlamm zu gewährleisten, hielt man die Zugabe von häuslichem Abwasser im Verhältnis

1 : 1 für notwendig. Die Raumbelastung sollte zwischen 250 und 1000 g Phenol/m^3 Belüftungsraum liegen, damit ein ausreichender Abbaueffekt erzielt wird. Als Luftbedarf wurden 60–100 m^3 je kg Phenol im Zulauf ermittelt. Die Betriebskosten für die Reinigung eines Kokereiabwassers mit 1 kg Phenol je m^2 Abwasser betrugen mehr als das 12fache wie bei häuslichem Abwasser.

Gleichzeitig wurden auch beim Ruhrverband Versuche mit belebtem Schlamm durchgeführt. FRIES [18] beschreibt 1929 die Mitbehandlung von Kokereiabwasser eines Hüttenwerkes in Tauchkörpern der biologischen Kläranlage Hattingen mit gutem Wirkungsgrad. Das Mischwasser enthielt rd. 45 g Phenol/m_3. Nach Angaben von IMHOFF [19] sollen zur gleichen Zeit auch in amerikanischen Schlammbelebungsanlagen geringe Mengen Gaswerksabwasser zusammen mit häuslichem Abwasser mit gutem Erfolg behandelt worden sein. In der darauffolgenden Zeit ist aus der Literatur wenig über die biologische Reinigung phenolhaltigen Abwassers bekannt geworden.

Eine schnelle Entwicklung nahmen dagegen im Ruhrgebiet die chemischen Verfahren zur Phenolgewinnung aus Kokereiabwasser. Nach WIEGMANN [20 und 21] war die Kokserzeugung in den Jahren 1910–1918 von 9 Mill. t/a auf 18 Mill. t/a angestiegen. Sie stammte aus rd. 80 Kokereien des Ruhrgebietes. Bei dem damit verbundenen großen Anfall von Phenolen im Abwasser der Kokereien und den günstigen Verwendungsmöglichkeiten für Phenolprodukte war es naheliegend, die Phenole als verwertbare Stoffe zu gewinnen.

Um das Jahr 1925 wurden dann auch die ersten wirksamen Verfahren zur Phenolextraktion patentiert, von denen das Pott–Hilgenstock-Verfahren (Extraktion der Phenole mit Benzol und anschließende Bindung an Natronlauge) von der Emschergenossenschaft erworben wurde. Ab 1929 begann die Errichtung von Großanlagen nach einem festen Plan, um zumindest die Hälfte der jährlich in die Emscher eingeleiteten 10 000 t Phenole zurückzugewinnen. Nachdem die zerstörten Anlagen des letzten Krieges wieder aufgebaut waren, konnten 1953 mit 20 Anlagen bereits 5000 t und 1960 mit 30 Anlagen rd. 10 000 t Phenole aus dem Abwasser der Kokereien im Emscher- und Lippegebiet gewonnen (Abb. 1) und damit ein wesentlicher Teil des Phenolbedarfes gedeckt werden.

Bei dem Bestreben, möglichst geringe Restphenolmengen im ablaufenden Abwasser zu erzielen und die Wirtschaftlichkeit zu verbessern, fanden dann auch andere Gewinnungsverfahren Anwendung. Der Einsatz von rotierenden Extraktoren statt der statischen Wascher brachte eine Erhöhung des Wascheffektes von 90 bis 95% auf ca. 98% [22]. Das Phenosolvan-Verfahren verwendete ursprünglich Butylacetat und später Isopropyläther als Extraktionsmittel, aus dem die Phenole destillativ abgetrennt werden [23]. Dabei kann der Auswaschungsgrad auf über 99% gesteigert werden.

Während bis Ende der 50er Jahre noch eine Rentabilität der Phenolgewinnungsverfahren gegeben war, d. h. Betriebs- und Kapitalkosten von den Erlösen aus dem Phenolverkauf gedeckt werden konnten [24], ist in letzter Zeit eine Phenolgewinnung aus Abwasser nur mit Zuschüssen durchzuführen. Das ist einmal auf steigende Preisindizes, zum anderen aber auf die erhebliche Steigerung der synthetischen Phenolerzeugung zurückzuführen (Abb. 2). Aus diesem Grunde und wegen der verschärften Einleitungsbedingungen für industrielles Abwasser mit toxischen und schädigenden Bestandteilen auf Grund der neuen Wassergesetze ist in den letzten Jahren den biologischen Reinigungsverfahren wieder mehr Aufmerksamkeit geschenkt worden. Dabei hat man sich der inzwischen verbesserten Verfahrenstechniken bedient und außer den Phenolen auch die übrigen schädlichen Bestandteile eines Kokereiabwassers in die Reinigung einzubeziehen versucht.

Von den vielen Bemühungen um eine Weiterentwicklung der biologischen Reinigungsverfahren seien hier besonders die Untersuchungen von ABSON und TODHUNTER [25 und 26] erwähnt, die darauf abzielten, neben Phenolen weitere schädliche Bestandteile eines Kokereiabwassers auf biologischem Wege zu beseitigen.

2. Ziel der Untersuchungen

Veranlaßt durch die zunehmende Verschmutzung der Gewässer und die sich ständig vermindernde Rentabilität von Rückgewinnungsanlagen für die im Abwasser der kohleveredelnden Industrie enthaltenen Nebenprodukte sollten durch Versuche im halbtechnischen Maßstab und durch Untersuchungen im Labormaßstab sowie durch ergänzende Wirtschaftlichkeitsberechnungen folgende Fragen beantwortet werden:

a) Welche im Abwasser einer Kokerei enthaltenen Schadstoffe lassen sich biologisch abbauen?
b) Mit welcher maximalen Belastung lassen sich biologische Reinigungsanlagen betreiben, um einen für die Vorflut unschädlichen Ablauf zu erzielen?
c) Unter welchen Betriebsbedingungen sind optimale Reinigungsleistungen bei vertretbarem Aufwand zu erwarten?
d) Mit welchen Investitions- und Betriebskosten ist bei einer biologischen Behandlung von Kokereiabwasser zu rechnen?
e) Welche zusätzlichen Maßnahmen sind erforderlich, um das biologisch gereinigte Abwasser gegebenenfalls im Betrieb als Brauchwasser wieder zu verwenden?

Mit den Untersuchungen wurde ein weitgehender Abbau aller in Kokerei- und Gaswerksabwasser enthaltenen schädlichen Stoffe angestrebt. Neben dem bereits bekannten biologischen Abbau von Phenolen sollten auch Cyanide, Rhodanide (Thiocyanate), Thiosulfate und gegebenenfalls Ammoniakstickstoff soweit vermindert werden, daß man das behandelte Abwasser unbedenklich in jeden Vorfluter ableiten oder möglicherweise als Brauchwasser im Betrieb wieder verwenden kann.
Unter Ausnutzung der aus der Literatur bekannten einschlägigen Untersuchungsergebnisse sollten die in diesem Bericht beschriebenen Versuche die Bemessungsgrundlagen für biologische Anlagen zur Reinigung von Kokereiabwasser liefern. Die dabei festzustellenden Betriebskennwerte und -bedingungen sollten Voraussetzung für eine überschlägliche Kostenermittlung sein.

3. Aufbau der Versuchsanlagen

Die von der Emschergenossenschaft auf verschiedenen Kokereien des Ruhrgebietes durchgeführten Untersuchungen über die Beschaffenheit von Kokereiabwasser hatten ergeben, daß das auf der Kokerei Emil der Hoesch-Bergbau AG in Essen-Altenessen anfallende Abwasser etwa der mittleren Beschaffenheit von Kokereiabwasser entsprach und für den Betrieb einer Versuchsanlage geeignet war.

Der Standort der Versuchsanlage auf dem Gelände der Kokerei Emil war so zu wählen, daß sowohl das Abwasser der Ammoniak-Fabrik, als auch das Abwasser vom Gesamtablauf der Kokerei für die Untersuchungen zur Verfügung stand. An dem gewählten Aufstellungsort der Versuchsanlagen mußte zwar das Abwasser der Ammoniak-Fabrik über ca. 350 m herangefördert werden, aber das Abwasser des Gesamtablaufes konnte unmittelbar hinter der letzten Einleitungsstelle aus einem Schacht im Hauptsammler der Kokerei entnommen werden.

3.1 Versuchsanlagen nach dem Belebungsverfahren

Die geplante Versuchsdurchführung sah zunächst Untersuchungen nach dem Belebungsverfahren in halbtechnischen Anlagen vor. Bei der Aufstellung des Schaltschemas war zu berücksichtigen, daß möglichst vielseitige Variationen der Betriebsbedingungen vorgenommen werden konnten. Es wurden daher zwei völlig gleiche Belebungsanlagen aus Stahlbehältern erstellt, bei denen durch die Leitungsführung und das Zwischenschalten von Pumpen folgende Verfahrenswege möglich waren:

a) Beide Anlagen ermöglichten die Durchführung von Vergleichsversuchen im Parallelbetrieb.
b) Beide Belüftungsbecken ließen sich unter Ausschaltung eines Nachklärbeckens zur Verlängerung der Durchlaufzeiten hintereinanderschalten.
c) Der Ablauf jedes Nachklärbeckens konnte durch eine Pumpe in den Zulauf des Belüftungsbeckens der Parallelanlage eingeleitet werden, die dann mit eigenem Schlammkreislauf die zweite Reinigungsstufe bildete.
d) Der Ablauf der Belüftungsbecken bzw. der Nachklärbecken konnte in den Zulauf zur Verdünnung zurückgepumpt werden.

Außerdem wurde die gesamte Anlage so ausgebildet, daß sie ohne großen Kostenaufwand abgebaut, transportiert und an anderer Stelle wieder in Betrieb genommen werden konnte.
Bei der Bemessung der Versuchsanlage lag ein mittlerer Zufluß von 1 l/s (entsprechend 3,6 m^3/h bzw. 86,4 m^3/d) zugrunde. Diese Größenordnung ließ mit genügender Genauigkeit eine Übertragung der Ergebnisse auf technische Großanlagen zu. Abb. 4 zeigt einen schematischen Lageplan der beiden Belebungsanlagen mit den dazugehörigen Nebeneinrichtungen.
Die Belüftungsbecken waren für je 6 Stunden Belüftungszeit bemessen:

$$V_B = 6 \cdot \frac{3,6}{2} = 10,8 \text{ m}^3 \text{ (je Becken)}$$

Eine Aufteilung der Belüftungsbecken durch Zwischenwände in drei gleichgroße Beckenabschnitte mit eigenem Zu- und Ablauf ermöglichte bei gleichbleibendem Zufluß eine Reduzierung der Belüftungszeiten auf 4 bzw. 2 Stunden. Eine einseitig angeordnete mittelblasige Druckbelüftung mit etwa 1 m Einblastiefe diente der Sauerstoffversorgung und Umwälzung des Abwassers im Belüftungsbecken.
Für die Nachklärung wurden zwei vertikal durchströmte runde Absetzbecken mit trichterförmiger Sohle verwendet. Bei einer geforderten Aufenthaltszeit von 4 Stunden für einen mittleren Zufluß von 1 l/s ergaben sich:

$$V_N = 4 \cdot \frac{3,6}{2} = 7,2 \text{ m}^3 \text{ (je Becken)}$$

Die Nachklärbecken hatten bei 2 m Durchmesser eine Oberfläche von 3,14 m^2 je Becken. Auf der Sohle waren mechanisch angetriebene umlaufende Schlammkratzer angebracht. Als Rücklaufschlammpumpen dienten Mammutpumpen, die einen 100%igen Rücklauf, bezogen auf die Zuflußmenge, ermöglichten.
Die für die Drucklufterzeugung erforderlichen Gebläse waren in einer Holzbaracke aufgestellt, in der gleichzeitig die elektrische Schaltverteilung, die Registriergeräte und ein Laborraum untergebracht waren. Die Gebläse hatten eine Gesamtleistung von 110 m^3/h, wovon ca. 35 m^3/h für die Mammutpumpen der Nachklärbecken benötigt wurden.
Für die Abkühlung des mit 70–90° C ankommenden Rohwassers stand ein offenes Kühlsystem zur Verfügung, in dem das Abwasser auf 20–30° Betriebstemperatur heruntergekühlt wurde. Ventilatoren belüfteten den Kühlturm im Gegenstrom. Die Aufteilung in zwei vertikale Kammern ermöglichte eine parallele Beschickung des Kühlturmes mit Ammoniak-Abwasser und Gesamtabwasser.
Für die gleichmäßige Beschickung beider Anlagen waren zwei Verteilerbehälter vorhanden, die gleichzeitig als Öl- und Sinkstoffabscheider dienten. Um einen Nährstoffausgleich im Abwasser vornehmen zu können, waren Chemikalienbehälter mit Dosiervorrichtungen angeordnet.
Abb. 5 zeigt die beiden Belebungsanlagen mit dem Kühlturm und der Betriebsbaracke im Hintergrund.

3.2 Mehrstufige Anlage nach dem Belebungs- und Tropfkörperverfahren

Während der Versuche mit der zuvorbeschriebenen Anlage hatte sich ergeben, daß ein weitgehender Abbau der im Kokereiabwasser enthaltenen schädlichen Inhaltsstoffe nur durch ein mehrstufiges biologisches Verfahren erreicht werden kann. Zu diesem Zweck wurden die beiden Belebungsanlagen durch einen Tropfkörper ergänzt, der im Verfahrensgang zwischen die beiden jetzt hintereinander betriebenen Belebungsanlagen geschaltet wurde. Bei einem Durchmesser von 2 m und einer Füllhöhe von 3,5 m betrug das nutzbare Tropfkörpervolumen

$$V_T = \frac{3{,}5 \cdot 4 \cdot \pi}{4} = 11{,}0 \text{ m}^3$$

Bei einem Abwasserzufluß von 1 l/s betrug die Oberflächenbeschickung 1,15 m/h. Zur Förderung des Abwassers waren zwischen den einzelnen biologischen Stufen Kreiselpumpen eingesetzt. Ein Drehsprenger sorgte für die Verteilung des Abwassers über der Oberfläche des Tropfkörpers.
Während der ersten Versuchsreihen hatte sich herausgestellt, daß mit dem Turmkühler keine exakte Regelung der Abwassertemperaturen möglich war. Aus diesem Grunde sind zwei hintereinander geschaltete geschlossene Kühler in den Zulauf eingebaut worden. Zur Kühlung stand ein eigener kleiner Kühlkreislauf zur Verfügung, in den der vorhandene Kühlturm als Rückkühler eingeschaltet wurde. Außerdem war es erforderlich, zwischen die einzelnen biologischen Stufen Wärmeaustauscher einzuschalten. Diese waren ebenfalls regelbar und wurden mit dem heißen Rohwasser betrieben.
Da während der Versuche starke und plötzliche Schwankungen des pH-Wertes auftraten, wurde die Anlage durch eine pH-gesteuerte Neutralisationsanlage ergänzt. Zwei Hochbehälter dienten der Aufnahme von Lauge bzw. Säure, so daß das Neutralisationsmittel im freien Gefälle über ein Regelventil dem Abwasser zugegeben werden

konnte. Eine nachgeschaltete Mischstrecke sorgte für eine innige Durchmischung des Neutralisationsmittels.
Schließlich wurde die Drucklufterzeugung durch die Aufstellung von zwei weiteren Gebläsen vergrößert. Abb. 6 zeigt ein Verfahrensschema der erweiterten Versuchsanlage.

3.3 Meßeinrichtungen der Versuchsanlage

Zur Überwachung und Regelung der gewünschten Betriebseinstellungen war eine Vielzahl von Meßeinrichtungen erforderlich, die einen kontinuierlichen Betrieb unter optimalen Bedingungen zuließen.
Im gesamten Fließweg des Abwassers, insbesondere im Bereich der Wärmeaustauscher, waren anzeigende Temperaturmeßstellen angeordnet, von denen die wichtigsten Werte auf Registriergeräte übertragen wurden.
Die Steuerung des pH-Wertes erfolgte über eine Durchflußelektrode, die hinter der Mischstrecke und den Ölabscheidern angeordnet war. Zur Kontrolle des eingesteuerten pH-Wertes war im Belüftungsbecken der ersten Belebungsstufe eine Eintauchelektrode eingebaut. Beide Meßwerte wurden auf ein Registriergerät fernübertragen.
Am Eingang zu den einzelnen biologischen Stufen wurden die Wassermengen und Luftmengen über Schwebekörpermesser gemessen und auf Registriergeräte fernübertragen. Die Anordnung der Meßstellen ist aus dem Verfahrensschema auf Abb. 6 zu ersehen. Sämtliche Registriergeräte sowie die Regelgeräte für die Neutralisation waren im Laborraum der Betriebsbaracke untergebracht (Abb. 7).

3.4 Versuchseinrichtungen im Labormaßstab

Einfache Untersuchungen im Labormaßstab konnten im Betriebslaboratorium der Versuchsanlage (Abb. 8) ausgeführt werden. Für Versuche mit einem größeren apparativen Aufwand stand das Hauptlaboratorium der Emschergenossenschaft zur Verfügung. Verschiedene Untersuchungen, insbesondere über die Stickstoffumwandlung konnten im Laboratorium der Research-Abteilung von der Firma Simon-Carves Ltd. in Stockport in England durchgeführt werden, da dort die entsprechenden Versuchseinrichtungen im Labormaßstab für diese speziellen Untersuchungen vorhanden waren. Hier verwendete man auf Rütteltischen angeordnete Glasflaschen und kleinere Einheiten von Belebungsbecken und Tropfkörpern, die teils im Standversuch und teils im Durchlaufbetrieb eingesetzt wurden.
Alle Untersuchungen, auch die Versuche in den Laboratorien der Emschergenossenschaft und der Firma Simon-Carves Ltd., wurden auf Veranlassung des Verfassers und nach Abstimmung mit den jeweiligen Laborleitern vorgenommen.

4. Versuchsprogramm

Bei den durchgeführten Untersuchungen lassen sich im wesentlichen zwei Versuchsgruppen unterscheiden (Abb. 9). Die ersten Versuchsreihen (1958/1959) dienten vorwiegend der Untersuchung über den Phenolabbau und die Ammoniakverminderung bei der Anwendung des Belebungsverfahrens. Da noch relativ wenig Veröffentlichungen über die Leistungsfähigkeit des Verfahrens und über die Betriebsbedingungen vorlagen und eine Übertragung von Erfahrungen aus der Behandlung häuslichen Abwassers nur zum Teil möglich war, mußten eine Reihe von Nebenuntersuchungen durchgeführt werden, um die speziellen verfahrenstechnischen Zusammenhänge zu klären. Dazu gehörten z. B. die Einflüsse von Schlammgehalt, Rücklaufverhältnis, Anzahl der Verfahrensstufen u. a. Schließlich waren Nährstoffverhältnisse, Sauerstoffversorgung und Temperatureinflüsse zu klären. So mußte das vorgegebene Versuchsprogramm ständig durch die Erfahrungen und Ergebnisse des Versuchsbetriebes ergänzt und teilweise mit neuer Zielsetzung fortgesetzt werden.

Obwohl die Versuche der ersten Gruppe (Abb. 9 oben) bereits grundlegende Aussagen über Belastung und Wirkungsgrad des Belebungsverfahrens bei der Behandlung phenolhaltigen Abwassers zuließen, blieb noch eine Reihe von Fragen offen, insbesondere über den biologischen Abbau weiterer Inhaltsstoffe von Kokereiabwasser. Angeregt durch die inzwischen veröffentlichten Erkenntnisse englischer Wissenschaftler [25 und 26], wurden die Untersuchungen nach dem Umbau der Versuchsanlage in einer zweiten Versuchsgruppe (1960/1961) mit einem mehrstufigen biologischen Verfahren fortgesetzt. Unter Ausnutzung der eigenen Erfahrungen und der englischen Erkenntnisse konnte das Versuchsprogramm enger abgegrenzt und systematischer durchgeführt werden (Abb. 9 unten).

Darüber hinaus waren jedoch noch einige spezielle Untersuchungen erforderlich, insbesondere im Zusammenhang mit der Stickstoffelimination, die aus Gründen der einfacheren Versuchstechnik im Labormaßstab ausgeführt wurden. Die Durchführung dieser Versuche wurde in den Laboratorien der Emschergenossenschaft und der Firma Simon Carves Ltd. in Stockport vorgenommen.

5. Grundlagen der biologischen Reinigungsverfahren

Für die biologische Reinigung von Kokereiabwasser können grundsätzlich die gleichen Verfahren zur Anwendung kommen, wie bei der Behandlung häuslichen Abwassers. Abwasser aus Kohlenwertstoffanlagen ist an verschiedenen Stellen sowohl auf Tropfkörpern als auch in Belebungsanlagen mit und ohne Beimischung von häuslichem Abwasser behandelt worden. Wenn auch beide Verfahren mit nahezu gleicher Wirkung eingesetzt werden können, so weisen sie doch unterschiedliche Merkmale auf, die man wie folgt zusammenfassen kann:

1. Bei gleicher Leistung haben Belebungsanlagen im allgemeinen einen geringeren Raumbedarf als Tropfkörper, da sie spezifisch höher belastet werden können. Damit erfordern Belebungsanlagen meist weniger Investitionskosten, können jedoch höhere Betriebskosten verursachen.
2. Tropfkörper erfordern ein wesentlich größeres Gefälle im Fließweg des Abwassers. Steht dieses nicht von Natur aus zur Verfügung, so muß das Abwasser mit Pumpen auf die Tropfkörper gefördert werden.
3. Während Tropfkörper relativ betriebssicher und wartungsarm sind, wenn sie gleichmäßig beschickt und belastet werden, bedürfen Belebungsanlagen einer sorgfältigeren Wartung.
4. Bei variablem Abwasseranfall und schwankender Konzentration sind Belebungs-

anlagen anpassungsfähiger, da gegenüber Tropfkörpern nicht nur die Abwasserbeschickung, sondern auch die Luftzufuhr, die Schlammrückführung und der Schlammgehalt geregelt werden können.

5. Belebungsanlagen sind empfindlicher gegen Giftstöße als Tropfkörper, erholen sich aber schneller, wenn Impfschlamm aus einer gesunden Anlage zur Verfügung steht. Sie sind ferner anfällig gegen Schaumbildung und Blähschlamm. Die Probleme der Schlammbeseitigung sind bei Belebungsanlagen größer als bei Tropfkörpern.
6. Bei Tropfkörpern tritt oft in wärmeren Jahreszeiten eine Belästigung durch Fliegen und Geruch auf.

Es ist bekannt, daß für die biochemische Oxydation bestimmter Inhaltsstoffe des Kokereiabwassers ganz bestimmte Bakterienarten erforderlich sind. Alle diese aeroben Organismen sind im allgemeinen in einem gut belüfteten Boden enthalten. ABSON und TODHUNTER [27] haben daher zunächst aus Proben gedüngter, gut kultivierter Gartenerde unter Verwendung spezieller Nährmittel Reinkulturen der verschiedenen Bakterienarten erzeugt und diese separat für die Oxydation der verschiedenen Bestandteile von Kokereiabwasser eingesetzt. Wie spätere Versuche zeigten, ist es jedoch ebensogut möglich, eine biologische Anlage mit häuslichem Abwasser einzuarbeiten oder mit belebtem Schlamm zu impfen, da hierin die erforderlichen Bakterien enthalten sind. Die optimalen Bedingungen für das Wachstum der Bakterien und damit für die Leistungsfähigkeit einer biologischen Reinigungsanlage sind von einer Reihe grundlegender Faktoren abhängig. Hierzu gehören ein optimaler Temperaturbereich, ein bestimmter pH-Wert, ausreichende Nährstoffe in bestimmter Zusammensetzung und das Vorhandensein von genügend Sauerstoff. Weiterhin ist zu beachten, daß die Anwesenheit von giftigen Verbindungen und Metallionen im Abwasser zu einer Hemmung der Bakterientätigkeit führen kann.

Jeder Organismus hat seine eigene optimale Wachstumstemperatur, d. h. die Temperatur, die das Wachstum am meisten begünstigt. Nach den günstigen Temperaturbereichen lassen sich die Bakterien in drei Klassen einteilen:

1. psychrophile Organismen, die eine optimale Temperatur unter 20° C haben;
2. mesophile Organismen, die eine optimale Temperatur von 20 bis 45° C haben; die saprophytischen mesophilen Organismen, die am besten auf toten organischen Stoffen wachsen, haben ein Optimum von etwa 30° C;
3. thermophile Bakterien, die bei Temperaturen bis zu 70° C wachsen können, die aber meist ein Optimum von etwa 55° C haben.

Die Gradzahl zwischen der minimalen und maximalen Wachstumstemperatur wird als Wachstumstemperaturbereich bezeichnet. Einige Mikroorganismen haben einen sehr engen Bereich, während bei anderen der Bereich relativ groß ist.

Auch der pH-Wert des Abwassers kann das Wachstum der Bakterien beeinflussen. Wenn auch die Oxydationsgeschwindigkeit durch geringfügige Abweichungen vom Optimum nicht entscheidend beeinflußt wird, kann eine pH-Korrektur des Abwassers doch erforderlich werden, um den größtmöglichen Wirkungsgrad zu erzielen.

Gewisse Schwermetalle, z. B. Chrom (besonders Chromat), Cadmium, Kupfer, Nickel, Quecksilber, Zink und Zinn wirken auch in großer Verdünnung noch toxisch auf Mikroorganismen. Konzentrationen dieser Metalle in der Größenordnung von 1 bis 2 mg/l können beträchtliche Hemmungen bei der biologischen Oxydation verursachen. Die im Abwasser der Kokereien und Gaswerke vorhandenen Metallionen erreichen nach den vorliegenden Untersuchungen im allgemeinen jedoch keine so hohen Konzentrationen, daß sie sich störend auf den biologischen Prozeß auswirken könnten.

An Nährstoffen benötigen die Mikroorganismen für den Stoffwechselprozeß Stickstoff, Phosphor und kleine Mengen Natrium, Kalium, Magnesium, Eisen, Mangan und Sulfat. Stickstoff steht im Kokereiabwasser in ausreichender Menge zur Verfügung. Hingegen ist das Phosphorangebot im Verhältnis zum Stickstoffanteil nicht ausreichend. Es ist daher bei Kokereiabwasser in den meisten Fällen erforderlich, Phosphor sowie in einzelnen Fällen auch kleine Mengen Eisen und Magnesium zuzugeben, um eine maximale biochemische Oxydation zu erzielen. Diese Nährstoffe werden am einfachsten als wäßrige Lösung dem Abwasser im Zulauf zur biologischen Stufe zugesetzt.

Auch eine ausreichende Versorgung mit Sauerstoff ist wichtig, um eine hohe Reinigungsleistung zu erzielen. In verschiedenen Untersuchungen konnte festgestellt werden, daß die Bakterien etwa 2,4 g Sauerstoff je Gramm oxydiertes Phenol benötigen. Dieses Ergebnis deckt sich recht gut mit Angaben aus der Literatur und entspricht etwa dem theoretischen Sauerstoffbedarf bis zur Restoxydation. Dabei ist anzunehmen, daß neben dem biologischen Prozeß eine chemische Oxydation verläuft, deren Sauerstoffbedarf mit erfaßt wurde. In Tafel 7 ist der theoretische Sauerstoffbedarf verschiedener Inhaltsstoffe von Kokereiabwasser zusammengestellt. Man erkennt daraus, daß für die biologische Reinigung so hochkonzentrierten Abwassers, wie es bei der Kohleveredlung anfällt, Belüftungseinrichtungen mit sehr hohem Sauerstoffeintragsvermögen eingesetzt werden müssen.

Die Leistung der phenolabbauenden Bakterien ist sehr groß, solange genügend Nährstoffe und Sauerstoff zur Verfügung stehen und sofern keine hemmenden Stoffe im Abwasser enthalten sind. In Laborversuchen konnten Konzentrationen, wie sie üblicherweise im Kokereiabwasser enthalten sind, d. h. bis zu 3 g/l ohne vorherige Verdünnung oxydiert werden. Als Hemmstoffe wirken Ammoniak, Sulfid, Rhodanid und toxische Metallionen in größeren Konzentrationen. Übersteigt der Ammoniakgehalt 1700 mg/l, so tritt bereits ein Rückgang in der Leistung der Bakterien ein. Abwasser mit Ammoniakkonzentrationen ab 2000 mg/l muß daher vor Einleitung in das Belüftungsbecken verdünnt werden. Hierfür kann im allgemeinen Kühlwasser benutzt werden. Desgleichen tritt eine Hemmung ein, wenn Ammoniumsulfid in Mengen über 25 mg/l oder Rhodanide in Mengen über 250 mg/l vorhanden sind. Allerdings lassen sich die phenolabbauenden Bakterien allmählich an höhere Sulfid- und Rhodanidkonzentrationen gewöhnen, so daß mit Rücksicht auf diese Stoffe eine dauernde Verdünnung nicht notwendig ist.

Die verschiedenen Arten von rhodanidabbauenden Bakterien sind in der Lage, gleichzeitig Thiosulfat und Cyanid zu oxydieren. Dabei tritt die Oxydation des Thiosulfats vor der Cyanid- und Rhodanidoxydation ein. Auch hierbei sind optimale Bedingungen einzuhalten und bestimmte Grenzkonzentrationen hemmender Stoffe zu beachten. Bei Abwasser, das sowohl Phenole als auch Rhodanide enthält, muß zunächst die Masse der Phenole oxydiert werden, bevor eine Biooxydation des Rhodanids einsetzt. Eine geringe Hemmung tritt bereits bei 10 mg/l Phenol auf, eine ausgeprägte Hemmung bei Konzentrationen über 25 mg/l. Bei Ammoniumchlorid ist eine Gewöhnung an Konzentrationen über 500 mg/l möglich. Für Ammoniumsulfit liegt die Grenzkonzentration etwa bei 1000 mg/l, die jedoch bei genügender Sauerstoffzufuhr im Belüftungsbecken nicht erreicht wird. Die Wirkung von Schwermetallen ist bei den rhodanidabbauenden Bakterien ausgeprägter als bei den phenolytischen Organismen.

Die Ammoniakoxydation wird durch die nitrifizierenden Bakterien vollzogen. Diese Organismen verwerten Ammoniak- und Ammoniumverbindungen und erzeugen Nitrate. Infolge des symbiotischen Wachstums von zwei Bakterienarten geht die Oxydation in zwei Stufen vor sich. Organismen, die zur Gattung Nitrosomonas gehören, oxydieren Ammoniak zu Nitrit, das dann vom Nitrobakter zum Nitrat oxydiert wird.

Um eine maximale bakterielle Wachstumsrate und Ammoniakoxydation zu erzielen, müssen gewisse anorganische Stoffe zugesetzt werden. Bei den englischen Untersuchungen wurden Phosphor, Kochsalz, Eisensulfat und Magnesiumsulfat beigefügt. Zusätzlich mußte Kalziumkarbonat zugesetzt werden, um die im biologischen Nitrifizierungsprozeß als Zwischen- bzw. Endprodukt gebildete salpetrige Säure und Salpetersäure zu neutralisieren, da sonst der pH-Wert unter den für den Oxydationsvorgang erforderlichen Mindestwert fällt. Der Nitrifizierungsvorgang wird durch vorhandene Phenole, Rhodanide und Cyanide nachteilig beeinflußt. Enthält ein Abwasser nach der ersten Reinigungsphase noch mehr als 50 mg/l Phenole und mehr als 10 mg/l Rhodanide oder Cyanide, ist eine Verdünnung des zu behandelnden Abwasser erforderlich. Gegen Metallionen reagieren nitrifizierende Bakterien noch empfindlicher als phenol- und rhodanidabbauende Bakterien. Unter Einhaltung aller der genannten Bedingungen sind die nitrifizierenden Bakterien jedoch in der Lage, Ammoniak in Konzentrationen bis zu 1500 mg/l zu oxydieren.

Man muß diese spezifischen Eigenschaften der verschiedenen Mikroorganismen kennen, um daraus schließen zu können, daß eine optimale Reinigung von Kokereiabwässern, die sich nicht nur auf den Abbau von Phenolen, sondern auch auf andere schädliche Inhaltsstoffe erstrecken soll, in einem Einphasen-Verfahren praktisch nicht möglich ist. Auf Grund umfangreicher Laboratoriumsuntersuchungen und halbtechnischer Versuche ist ein mehrstufiges biologisches Reinigungsverfahren entwickelt worden, bei dem jede Stufe in ihren Betriebsbedingungen auf die für die jeweilige Reinigungsphase notwendigen Mikroorganismen eingestellt ist. In Abb. 10 ist eine solche mehrstufige biologische Reinigungsanlage dargestellt. Die erste und letzte Stufe sind Belebungsanlagen mit den dazugehörigen Absetzbecken. Als zweite Stufe wurde hier ein Tropfkörper zwischengeschaltet. Entsprechend den zuvor erwähnten verfahrenstechnischen Bedingungen für die einzelnen Reinigungsphasen dient die erste Stufe der Phenolentfernung, die zweite Stufe dem Abbau von Thiosulfaten, Rhodaniden und Cyaniden und die letzte Stufe der Oxydation des Ammoniaks. Um die Bakterien vor zu starken Schwankungen in der Abwasserkonzentration zu schützen, ist dem Verfahren ein Ausgleichsbehälter vorgeschaltet. Kühler, Wärmeaustauscher, Neutralisationsanlage und Nährstoffdosierung schaffen die notwendigen Umweltbedingungen für die Bakterien.

6. Beschaffenheit des untersuchten Abwassers

Für die Versuche der Emschergenossenschaft standen auf der Kokerei Emil zwei Abwasserarten zur Verfügung. Das Abtreiberabwasser wurde der Versuchsanlage über eine Rohrleitung zugeführt und das Gesamtabwasser der Kokerei aus einem Kanal nahe der Versuchsanlage entnommen. Die Versuchsanlage konnte mit jeder der beiden Abwasserarten kontinuierlich beschickt werden. Die Kokerei arbeitet nach dem indirekten Ammoniakgewinnungs-Verfahren und betreibt eine Entphenolungsanlage nach dem Benzol-Lauge-Verfahren. Da auf Grund der örtlichen Gegebenheiten nur die Beschaffenheit von Kokereiabwasser nach Entphenolung zur Verfügung stand, wurde in besonderen Versuchen durch Hinzufügen von Phenol die Konzentration so erhöht, daß der Zulauf einem nichtentphenolten Kokereiabwasser entsprach bzw. der Durchsatz durch die Entphenolungsanlage schrittweise bis auf Null reduziert. Die Ergebnisse von 24stündigen Untersuchungen (Tafel 8) geben einen Überblick über die Beschaffenheit der beiden

Abwasserarten. Hierbei wurde die Entphenolungsanlage jeweils für einige Zeit außer Betrieb genommen, um vergleichsweise die Beschaffenheit des Abwassers ohne vorherige Entphenolung kennenzulernen.
Bei der späteren Versuchsdurchführung zeigte sich, daß die Schwankungen in der Abwasserkonzentration insbesondere beim pH-Wert noch erheblich größer waren als ursprünglich angenommen. In Tafel 9 sind die Mittelwerte einer neunmonatigen Versuchsperiode zusammengestellt. Dabei traten die Spitzenwerte oft in kurzen Zeitabständen auf, wie Abb. 11 zeigt, in der die täglichen Untersuchungsergebnisse des Phenolgehaltes und des $KMnO_4$-Verbrauches für zwei Monate aufgetragen sind. Weitere deutliche Konzentrationsschwankungen zeigten sich auch innerhalb der Tagesstunden, so daß die Versuchsanlage sehr großen Belastungsschwankungen unterworfen war. Ein gewisser Ausgleich wurde durch die vorgeschalteten Abscheider und die relativ langen Aufenthaltszeiten in den biologischen Stufen erreicht.
Weitere Angaben über die Beschaffenheit des untersuchten Abwassers können aus den Zusammenstellungen der Versuchsergebnisse im Abschnitt 8 entnommen werden.

7. Versuchsdurchführung

Mit Ausnahme der durch Störungen verursachten Stillstandszeiten ist die Versuchsanlage entsprechend dem Versuchsprogramm (Abb. 9) kontinuierlich betrieben worden. Für die Überwachung der Anlage und deren Unterhaltung standen während einer Tagesschicht ein Maschinist und ein Laborant zur Verfügung. Die Ergebnisse der täglichen Ablesungen und Untersuchungen wurden in einem Versuchsprotokoll für die spätere Auswertung aufgezeichnet.

7.1 Einarbeitung der Versuchsanlage

Bei der ersten Inbetriebnahme wurden die beiden Belüftungsbecken parallel mit unterschiedlichen Ausgangsbedingungen aber gleichen Betriebseinstellungen eingearbeitet. Während das eine der beiden Belüftungsbecken mit belebtem Schlamm und Verdünnungswasser gefüllt wurde, ist das zweite Belüftungsbecken mit Abtreiberabwasser ohne Schlammzusatz angefahren worden. Um die Bildung von Schlammflocken zu begünstigen, wurde diesem Becken Asbestfasermehl zugesetzt (Zigerli-Verfahren). Beide Versuchsanlagen wurden gleichartig betrieben mit geringer Abwasserbelastung, großer Rücklaufschlammenge, reichlicher Luftzugabe und Zuführung von Nährsalzen.
Nach der Einarbeitung mußten zunächst verschiedene spezielle Verfahrensfragen geklärt werden. Diese Arbeiten waren sehr zeitraubend, weil plötzlich auftretende Erscheinungen mit den herkömmlichen Erkenntnissen nicht zu erklären waren. Dabei zeigte sich, daß insbesondere folgende Faktoren beachtet werden mußten:

a) Einhaltung eines pH-Wertes von etwa 7–7,5 auf der ganzen Länge des Belüftungsbeckens. Bei längerer Unterschreitung des neutralen Bereiches bildeten sich fadenförmige Bakterien und Pilze.
b) Einhaltung möglichst gleichmäßiger Temperaturverhältnisse in allen Teilen der Anlage, um den Mikroorganismen des belebten Schlammes optimale Wachstumsbedingungen zu schaffen.
c) Einhaltung einer ausreichenden Sauerstoffzufuhr, um den Mikroorganismen in allen

Teilen des Belüftungsbeckens genügend Sauerstoff für die biochemische Oxydation zur Verfügung zu stellen.

d) Verminderung der Schaumentwicklung, die insbesondere bei höheren Belastungen und pH-Wert-Verschiebungen auftrat, um ein Ausschäumen des belebten Schlammes zu vermeiden. Es wurde ein biologisch unschädliches Entschäumungsmittel (Struktol) im Abwasserzulauf zugesetzt.

Bei den später durchgeführten Versuchen zur mehrstufigen Behandlung des Kokereiabwassers wurden den einzelnen Reinigungsstufen Reinkulturen von Bakterien zugegeben, die den jeweilig abzubauenden Stoffgruppen entsprachen. Die Bakterienkulturen waren von der Firma Simon Carves Ltd. zur Verfügung gestellt worden. Solche Bakterienkulturen, die nach einem Tiefkühl-Trockenverfahren unter Luftabschluß in Ampullen verpackt werden, sind über längere Zeit lager- und transportfähig. Sie wurden in wässerigen Lösungen unter Nährstoff- und Sauerstoffzusatz angesetzt und der mit häuslichem Abwasser eingearbeiteten Versuchsanlage zugegeben. Danach ist die Anlage mit geringer Belastung und großer Rücklaufmenge mit Kokereiabwasser in steigender Menge beschickt worden. Die Einarbeitungszeit konnte durch diesen Zusatz von Bakterien auf wenige Tage verkürzt werden. Außerdem waren Reservekulturen vorhanden, die beim Auftreten von Störungen ein sofortiges Neuanfahren der geschädigten Stufe ermöglichten.

Aus den Vorversuchen ergab sich auch, daß es nicht zwingend ist, die phenolabbauenden und die rhodanidabbauenden Bakterien in getrennten Stufen einzusetzen, wenn man die Reaktionszeit in der ersten Stufe genügend groß wählt. Das Belüftungsbecken der ersten Stufe wurde zunächst mit phenolabbauenden Bakterien beschickt und nach Erreichen der vollen Abbauleistung für Phenole die rhodanidabbauenden Bakterien hinzugegeben. Es bildete sich dann im Verlauf von etwa 10 Tagen ein belebter Schlamm, wie er auf der Mikroaufnahme in Abb. 12 zu erkennen ist. Die Flocken waren bis zu 2 mm groß, ziemlich kompakt und hatten eine verhältnismäßig glatte Oberfläche. Man erkennt eine Fülle lichtbrechender Körperchen, in der Flüssigkeit freilebende Bakterien. Jedoch waren auch in den Flocken, insbesondere an deren Rändern, Bakterien in großer Zahl vorhanden. Abb. 13 zeigt diese Bakterien in stärkerer Vergrößerung, außerdem links unten Teile einer Schlammflocke. Die langen stabförmigen, teilweise gekrümmten Körper sind die phenolabbauenden Bakterien. Sie erreichen eine Länge bis zu mehreren μ und eine Stärke von 0,5 bis 1 μ. Die rhodanidabbauenden Bakterien haben kleinere, kurze, fast runde Formen, die eine Größe bis zu 1,5 μ erreichen. Diese Bakterien sind gleichzeitig in der Lage, Thiosulfate und Cyanide zu oxydieren. Beide Bakterienarten konnten in dem Belüftungsbecken nebeneinander existieren ohne Beeinträchtigung ihrer spezifischen Reinigungsleistung.

Die nachgeschaltete Tropfkörperstufe konnte ohne besonderen Zusatz von Bakterien eingearbeitet werden. Der biologische Rasen bildete sich durch das Abtreiben von Bakterien mit dem Ablauf der ersten Belebungsstufe. In ihm wurden die gleichen Bakterienarten festgestellt wie im vorgeschalteten Belüftungsbecken.

Die Belebungsanlage der dritten Stufe wurde ebenso angefahren wie die erste Stufe unter Zusatz von nitrifizierenden Bakterien. Jedoch konnte hier kein belebter Schlamm in ausreichender Menge erzielt werden. Wie sich später herausstellte, vertragen die sehr empfindlichen Bakterien keine längere Lagerung in Trockenkulturen. Für die natürliche Entwicklung von nitrifizierenden Bakterien fehlten aber die versuchstechnischen Voraussetzungen. Da diese in der Versuchsanlage nur mit relativ großem Kosten- und Zeitaufwand geschaffen werden konnten, wurden die Versuche im Laboratoriumsmaßstab unter Verwendung frischer Bakterienkulturen ausgeführt.

Abb. 14 zeigt Schlammflocken aus der nitrifizierenden Stufe. Die kleinen, fast runden durchscheinenden Körperchen sind die nitrifizierenden Bakterien, die eine Größe von 1 bis 2 μ erreichen.

Grundsätzlich ist es möglich, eine mehrstufige biologische Anlage zur Reinigung von Kokereiabwässern ohne Zusatz von Bakterienkulturen einzufahren. Man kann dies unter Zusatz von häuslichem Abwasser oder Oberflächenwasser ebenso erreichen, da hierin die genannten Bakterienarten enthalten sind. Eine solche Einarbeitung würde jedoch sehr lange Zeit in Anspruch nehmen, da die Zahl der Bakterien anfangs sehr gering ist und somit die Lebensbedingungen für die verschiedenen Bakterienarten sehr sorgfältig eingestellt werden müssen. Auch kann die Zugabe von Rohabwasser nur in sehr kleinen Schritten gesteigert werden. Schließlich muß jede Reinigungsstufe getrennt, im Verlaufe des Fließweges nacheinander angefahren werden. Durch den Zusatz von speziellen Bakterienarten läßt sich die Einarbeitungszeit dagegen sehr stark reduzieren.

7.2 Probenahme und Analysen

Eine Übersicht über die Probenahmestellen der Versuchsanlage gibt Abb. 15. An diesen Stellen wurden nach einem vorgegebenen Programm täglich Messungen durchgeführt oder Proben für die Laboruntersuchung entnommen.

Zur Überwachung und Betriebseinstellung ist die Temperatur außer den registrierenden Meßstellen durch anzeigende Instrumente an verschiedenen Stellen im Verlauf des Fließweges gemessen worden. Ebenso ist einmal täglich an mehreren Stellen der pH-Wert ermittelt worden. Zweimal täglich wurden die absetzbaren Stoffe, das Schlammvolumen des belebten Schlammes und des Rücklaufschlammes bestimmt. Die übrigen täglichen analytischen Untersuchungen sind in Tafel 10 zusammengestellt. Alle diese Untersuchungen ließen sich im Betriebslaboratorium der Versuchsanlage ausführen. Hierfür stand ein Laborant zur Verfügung. Schwierigere Analysen, wie Stickstoffbilanz, Bestimmung des Metallgehaltes und auch die notwendigen biologischen Untersuchungen sind vom Hauptlaboratorium der Emschergenossenschaft unter Leitung von Prof. Dr.-Ing. Husmann vorgenommen worden.

Die Analysen wurden nach den deutschen Einheitsverfahren für Abwasser- und Schlammuntersuchung sowie nach den Analysenvorschriften für den Betrieb von Entphenolungsanlagen der Emschergenossenschaft und des Lippeverbandes durchgeführt.

Außerdem ist täglich der Verbrauch an Neutralisationsmitteln, Nährsalzen und Energien festgestellt worden, um daraus die Betriebskosten ermitteln zu können.

8. Auswertung der Versuchsergebnisse

In den nachfolgenden Abschnitten sind die wesentlichsten Ergebnisse der umfangreichen Einzeluntersuchungen zusammengefaßt und beurteilt worden. Es ist im Rahmen dieser Veröffentlichungen jedoch nicht möglich, auf alle Einzelheiten der vielen Versuche einzugehen. So sind in den Tabellen jeweils auch nur die Mittelwerte aller Einzelanalysen innerhalb der einzelnen Versuche aufgeführt. Soweit möglich und notwendig, sind die Ergebnisse der eigenen Untersuchungen mit den Untersuchungsergebnissen anderer Stellen, die aus der Fachliteratur bekannt sind, verglichen worden.

8.1 Betriebsbedingungen

Die Betriebsbedingungen einer biologischen Abwasserreinigungsanlage sind, soweit technisch möglich, auf die optimalen Lebensbedingungen der für die Abwasserreinigung erforderlichen Mikroorganismen abzustimmen. Beim Vorhandensein verschiedener Organismenarten, wie sie zur Behandlung eines so heterogenen Gemisches von Inhaltsstoffen eines Kokereiabwassers auftreten, verschieben sich die Optimalbereiche der einzelnen Arten, so daß in den einzelnen Reinigungsstufen Bedingungen geschaffen werden müssen, die möglichst allen darin enthaltenen Organismen entsprechen. Nach den Angaben von Abson [26] ergeben sich für Temperatur und pH-Bereich die in der Tafel 11 angegebenen Optimalwerte.

Wenn ein Gemisch von Mikroorganismen in ein Abwasser eingebracht wird, finden gewisse Arten die Bedingungen und die Nahrung, die für ihre Entwicklung am besten geeignet sind. Sie werden die vorherrschende Form. Anfangs ist im allgemeinen nur eine begrenzte Anzahl solcher Mikroorganismen vorhanden, und man stellt zunächst einen geringen biologischen Wirkungsgrad fest. Dieser steigt entweder mit der Vermehrung der Organismen oder mit zunehmender Adaptation an die vorhandenen Bedingungen. Werden gewisse Arten der Mikroorganismen zunächst geringen Konzentrationen einer toxischen Substanz und dann allmählich stärkeren Konzentrationen ausgesetzt, sind sie in vielen Fällen schließlich in der Lage, den toxischen Stoffen in bestimmten Konzentrationen zu widerstehen und sie sogar abzubauen.

Bei der Adaption kann eine Mutation eintreten, d. h. eine spontane Bildung neuer Varianten. Diese werden sich durchsetzen, wenn sie den Bedingungen der Umgebung besser widerstehen können als die ursprünglichen Arten [27].

Neben der Beachtung einer Maximalkonzentration bestimmter toxischer Stoffe, die auch unter Berücksichtigung der Adaptation der Organismen nicht überschritten werden darf, müssen die Umweltbedingungen für die zu erwartenden oder gewünschten Mikroorganismen im Betrieb einer biologischen Reinigungsanlage entsprechend eingestellt werden.

8.1.1 Einfluß der Temperatur

Ihre maximale Aktivität entwickeln die Bakterien nach den Angaben in Tafel 11, wenn die Abwassertemperatur im Bereich zwischen 25–35° C gehalten wird. Außerhalb dieses Bereiches nimmt die Aktivität mit zunehmender Abweichung progressiv ab. Bei Temperaturabfall läßt sich die Aktivität wieder voll herstellen, wenn die Temperatur wieder auf den angegebenen Bereich eingestellt wird. Bei höheren Temperaturen bis zu 40° C wird es kaum zu Schäden kommen, jedoch können die Bakterien bei noch höheren Temperaturen zerstört werden. In solchen Fällen ist die Temperatur sofort zu senken und der Zulauf zu reduzieren, damit die überlebenden Bakterien sich vermehren und ihre frühere Aktivität wiedergewinnen können.

Das Abtreiberabwasser der Kokerei Emil kam mit Temperaturen zwischen 80 und 90° C, das Gesamtabwasser der Kokerei mit Temperaturen zwischen 65 und 80° C bei der Versuchsanlage an. Während der Versuche in den Jahren 1958/1959 wurde das Rohwasser in einem offenen Kühlturm auf eine Eingangstemperatur von etwa 30° C im Zulauf zur Belebungsanlage herabgekühlt. Beim Durchlaufen der Anlage kühlte sich das Abwasser je nach Jahreszeit und Lufttemperatur um weitere 5–10° C ab. Die Temperaturen konnten durch Regulierung des Luftzuges im Kühlturm während der Versuche ziemlich konstant gehalten werden.

Für die späteren Untersuchungen in den Jahren 1960/1961 wurde das in Abb. 4 dargestellte indirekte Kühlsystem verwendet. Das Abwasser durchfloß geschlossene Kühler, die nach dem Prinzip der Wärmeaustauscher arbeiten. Damit war die Möglichkeit gegeben, die Abwassertemperatur zwischen den einzelnen Reinigungsstufen durch Erwärmung mit dem Rohwasser wieder auf den gewünschten Temperaturbereich zu bringen. In den Kühlern I und II wurde die Rohwassertemperatur zunächst auf etwa 40°C gesenkt. Auf dem weiteren Fließweg kühlte es sich auf etwa 30–35°C ab bis zum Eintritt in die erste Belebungsstufe, in der durch Rücklaufschlammführung und Umwälzung eine weitere Temperaturverminderung um 5–10°C eintrat. Im Wärmeaustauscher I stieg die Abwassertemperatur vor Aufgabe auf den Tropfkörper wieder auf etwa 35°C. Durch die große Oberfläche des Tropfkörpers trat ein Temperaturrückgang auf 20–25°C ein, der im nachfolgenden Wärmeaustauscher II ausgeglichen werden mußte. Das Abwasser verließ den Wärmeaustauscher II mit einer Temperatur von 40 bis 50°C, die sich durch die große Rücklaufmenge vor Eintritt in die zweite Belebungsstufe auf 25–30°C reduzierte. Im Belüftungsbecken II verminderte sich die Temperatur wiederum um etwa 5°C. Die Anordnung der Kühler und Wärmeaustauscher sowie die Reguliermöglichkeit der Medien ermöglichten eine relativ konstante Einhaltung der gewünschten Temperaturbereiche.

8.1.2 Einhaltung des pH-Bereiches

Eine maximale Aktivität der Bakterien tritt dann auf, wenn der pH-Wert nach Tafel 11 zwischen 6,5 und 8,0 liegt. Über und unter diesem Bereich nimmt die Aktivität der Bakterien ab. Geringfügige Abweichungen von 0,1 bis 0,2 pH-Einheiten bedingen nur eine unerhebliche Minderung der biologischen Aktivität, bedeutendere Abweichungen von dem oben angegebenen Bereich, etwa in der Größenordnung von 1,0 bis 1,5 pH-Einheiten, können zu einem Rückgang des biologischen Wirkungsgrades um 50% führen.

Die automatisch arbeitende Neutralisation ermöglichte sowohl den Ausgleich saurer Abwasserstöße als auch die Neutralisation alkalischer Zuflüsse. Diese Anlage stand jedoch erst in der zweiten Versuchsperiode in den Jahren 1960/1061 zur Verfügung. Wegen der ungünstigen pH-Verhältnisse traten daher in der ersten Versuchsperiode häufig Fadenbakterien auf, die die übrigen Mikroorganismen verdrängten und die Leistungsfähigkeit der Anlage verminderten.

Die pH-Werte im Rohwasser der Kokerei Emil schwankten teilweise sehr stark. Um die Regelanlage für die Neutralisation einstellen zu können, wurden Tritationskurven für verschiedene Abwasserproben aufgestellt. Der in Abb. 16 dargestellte Verbrauch an Säure bzw. Lauge ergab sich für einstündige Mischproben eines Tageszuflusses. Man erkennt daraus, daß der pH-Wert in einem sehr weiten Bereich zwischen 1,8 und 8,9 schwankte und für die Neutralisation sehr unterschiedliche Chemikalienmengen benötigt wurden. In der Versuchsanlage wurden Schwefelsäure und Natronlauge verwendet, die in 30- bzw. 50%iger Lösung zudosiert wurden.

Der pH-Wert im zulaufenden Abwasser ist so eingeregelt worden, daß er im Zulauf zum Belebungsbecken I im leicht alkalischen Bereich zwischen 7,5 und 8,0 lag. Je nach Belastung und biologischer Abbauwirkung fiel der pH-Wert in der ersten Belebungsstufe um 0,2–0,5 Einheiten. Dieser Abfall ist durch den Stoffwechselprozeß und die dabei auftretenden Stoffwechselprodukte (z. B. CO_2) der Mikroorganismen bedingt. Im nachgeschalteten Tropfkörper fiel der pH-Wert um weitere 0,2–0,5 Einheiten. Eine Anhebung des pH-Bereiches vor Eintritt in die Belebungsstufe II war jedoch nicht erforderlich, da aus den bereits erwähnten Gründen (siehe Abschnitt 5) in der Nitrifizierungsstufe ohnehin Alkali zugesetzt werden mußte.

8.1.3 Nährstoffversorgung der Mikroorganismen

Die Bakterien benötigen für den Stoffwechselprozeß eine verwertbare Energiequelle, die im Kokereiabwasser von den Kohlenwasserstoffen gestellt wird. Neben der Energiequelle ist eine geeignete Versorgung mit Stickstoff, Phosphor und anorganischen Salzen erforderlich. Der Stickstoffbedarf wird durch Ammonium oder Nitrationen, der Phosphorbedarf durch Phosphationen gedeckt. Ferner besteht für das Wachstum ein Bedarf an geringen Mengen Eisen und Magnesium sowie Natrium, Kalium, Mangan, Kalzium, Chlorid und Sulfat. Ein Mangel an einem der genannten Stoffe würde die Wachstumsbedingungen verschlechtern, so daß in den meisten Fällen Nährsalze zugesetzt werden müssen. Eine geeignete Nährlösung für die biologische Reinigung von Kokereiabwasser hat nach ABSON [28] etwa folgende Zusammensetzung:

Orthophosphorsäure (H_3PO_4)	120 ml/l Nährlösung
Eisenchlorid ($FeCl_2 \cdot 6\ H_3O$)	20 g/l Nährlösung
Magnesiumsulfat ($MgSO_4 \cdot 7\ H_2O$)	80 g/l Nährlösung

Diese Nährlösung wird in einer Verdünnung von 1 : 10 000 dem zu behandelnden Abwasser zugegeben. Sie enthält keine Stickstoffquelle, da im Kokereiabwasser normalerweise genügend Stickstoff in Form von Ammoniumsalzen vorhanden ist. Sinkt der Stickstoffanteil unter 85 mg/l Ammoniak je 100 mg/l Phenol, muß Ammoniak zugesetzt werden. Für den Zellaufbau ist außerdem Phosphor erforderlich, der im Verhältnis von 1 Teil Phosphor zu 4–5 Teilen Stickstoff vorliegen soll. Bezogen auf den biochemischen Sauerstoffbedarf muß das Verhältnis BSB_5: N : P etwa 100 : 5 : 1 betragen.

Die bei den Versuchen der Emschergenossenschaft verwendete Nährlösung enthielt

Ortophosphorsäure (H_3PO_4)	6,0 g/l Nährlösung
Eisenchlorid ($FeCl_3 \cdot 6\ H_2O$)	0,5 g/l Nährlösung
Magnesiumsulfat ($MgSO_4 \cdot 7\ H_2O$)	2,5 g/l Nährlösung

Diese Lösung wurde dem Zulauf der ersten Belebungsstufe in 1%iger Verdünnung zugesetzt. Eine Dosiereinrichtung ermöglichte die Anpassung an den jeweiligen Nährstoffbedarf in Abhängigkeit der analytisch ermittelten Abbauwerte für Phenole. Als Kontrolle wurde im Ablauf der Anlage der Phosphorgehalt bestimmt und die Dosierung so eingestellt, daß analytisch noch ein geringer Restgehalt im biologisch gereinigten Abwasser festzustellen war.

8.1.4 Erforderlicher Sauerstoffbedarf

Eine ausreichende Versorgung mit Sauerstoff ist für die biologische Oxydation wesentlich. Ein hoher biologischer Wirkungsgrad kann nur dann erzielt werden, wenn zu jeder Zeit und an jeder Stelle des Belüftungsbeckens gelöster Sauerstoff in geringem Überschuß vorhanden ist. Viele Industrieabwasserarten, insbesondere das Abwasser der kohleveredelnden Industrie haben einen deutlich höheren Sauerstoffbedarf als häusliches Abwasser. Es müssen daher Belüftungssysteme mit einem sehr hohen Sauerstoffeintragsvermögen eingesetzt werden, die andererseits auch genügend Betriebssicherheit bieten. Bei Versagen der Belüftungseinrichtung sollte der Abwasserzulauf abgesperrt werden, da bei fehlendem Sauerstoff die Phenolkonzentration 300 mg/l bleiben muß, denn bei Konzentrationen über 500 mg/l tritt eine Dauerschädigung der Bakterien ein. Eine unzureichende Belüftung ist an der Farbe des belebten Schlammes oder des

Tropfkörperrasens zu erkennen. Während bei einem ausreichend belüfteten System der Schlamm gewöhnlich hellbraun bis graubraun ist, nimmt er bei unzureichender Sauerstoffzufuhr eine schwarze Färbung an.

Der voraussichtliche Sauerstoffbedarf bei den Versuchen mit dem Abwasser der Kokerei Emil wurde zunächst an Hand der vorliegenden Abwasseranalysen und auf Grund des theoretischen Sauerstoffbedarfs nach Tafel 7 ermittelt. Bei einer Abwasserbeschickung von 1,2 bis 7,2 m^3 je Kubikmeter Becken und Tag war dem Abwasser für die Oxydation der Phenole, Cyanide und Rhodanide 50–300 g O_2 je m^3 Beckenvolumen und Stunde zuzuführen. Für die Oxydation des Ammoniaks wurde etwa zusätzlich die gleiche Menge benötigt, wobei die Raumbeschickung in der zweiten Belebungsstufe mit 0,4–2,4 $m^3/m^3 \cdot d$ angenommen wurde.

Sauerstoffeintragsversuche in Reinwasser ergaben je nach Luftdurchsatz eine Ausnutzung des Sauerstoffgehaltes der Luft von 2 bis 3% (Abb. 17). Dabei konnte eine Sauerstoffzufuhr von etwa 300 g O_2 je m^3 Becken und Stunde erzielt werden. Zur Überwachung des Sauerstoffgehaltes in den Belebungsbecken wurden täglich mehrmals Sauerstoffbestimmungen durchgeführt. Die Ergebnisse zeigten, daß während der Versuche ausreichend Sauerstoff für die Oxydation zur Verfügung stand. Die relativ geringe Ausnutzung des eingeblasenen Luftsauerstoffs ist auf die geringe Einblastiefe zurückzuführen. Auch ist aus Abb. 17 zu erkennen, daß die optimale Ausnutzung bei einem Luftdurchsatz von etwa 350 m^3/h lag und danach wieder abfiel. Die Ursache ist in der Ausbildung des Beckenquerschnittes und der sich daraus ergebenden hydraulischen Verhältnisse zu suchen.

8.2 Abbau der Phenole

Von allen Untersuchungen nehmen die Versuche zum Abbau der Phenole den breitesten Raum ein, da die Phenole einen wesentlichen Anteil an den schädlichen Inhaltsstoffen eines Kokereiabwassers haben. Es ist außerdem Voraussetzung, die Phenole bis auf einen Restgehalt zu beseitigen, bevor andere Begleitstoffe biologisch abgebaut werden können. Andererseits bereitet die biologische Oxydation von Phenolen, besonders der einwertigen Phenole, keine besonderen Schwierigkeiten, wenn die zuvor genannten Betriebsbedingungen eingehalten werden.

8.2.1 Belastung und Wirkungsgrad

In den ersten Versuchsreihen, deren Ergebnisse auf den Tafeln 12, 13 und 14 zusammengestellt sind, konnte nach Beseitigung der anfänglichen Schwierigkeiten durch Bildung von Fadenbakterien in allen Versuchen ein befriedigendes Ergebnis bei der Phenoloxydation erreicht werden. Generell läßt sich sagen, daß bei gleichen Versuchsbedingungen das Gesamtabwasser der Kokerei (Versuchsreihe B/1959, Tafel 13) weitgehender gereinigt werden konnte als das Abtreiberabwasser allein (Versuchsreihe A/1959, Tafel 12). Trotz relativ großer Schwankungen in der Phenolkonzentration des Zulaufes und in der Phenolbelastung des Belebungsbeckens konnte ein nahezu gleichbleibender Reinigungseffekt erzielt werden. Auch die 24stündigen Untersuchungen zeigten, daß begrenzte Schwankungen der Abwasserbeschaffenheit und dadurch verursachte Belastungsschwankungen sich nicht nennenswert auf die Phenolendwerte auswirkten.

Durch Phenolzugabe wurde in Versuchsreihe C/1959 der Phenolgehalt des Gesamtabwassers auf rd. 1400 mg/l erhöht. Gleichzeitig vergrößerten sich dadurch BSB_5 und $KMnO_4$-Verbrauch erheblich. Die wichtigsten Analysendaten und Abbauwerte sind

in Tafel 14 zusammengestellt. Hier ließen sich bei Phenol-Raumbelastungen von rd. 2 kg/m³ · d Abbauwerte von 99% bis auf Restgehalte von rd. 15 mg Phenol/l erzielen.
Bei den später durchgeführten Untersuchungen mit der verbesserten Versuchseinrichtung wurden diese Ergebnisse im wesentlichen bestätigt. Diese Untersuchungen wurden vorwiegend mit Abtreiberabwasser der Kokerei vorgenommen, da hierin, mit Ausnahme der Cyanide, die höchsten Konzentrationen an gelösten Stoffen zu erwarten waren. In der ersten Versuchsreihe A I/1960 sollte zunächst ermittelt werden, mit welcher Abwassermenge die erste Belebungsstufe der Versuchsanlage beschickt werden konnte. Die Ergebnisse sind in den Tafeln 15 und 16 zusammengefaßt. Mittelt man die Einzelergebnisse der verschiedenen Beschickungsmengen, so ergibt sich folgendes Bild:

Abwasserbeschickung	$m^3/m^3 \cdot d$	2,0	2,98	3,34	4,0
Aufenthaltszeit	h	12	8	7	6
$KMnO_4$-Verminderung	%	86	82	81	71
Phenol-Abbau	%	93	92	90	92
Rhodanid-Abbau	%	99	99	99	16

Bei einer Beschickung bis zu etwa 3,5 m³ Abtreiberabwasser je m³ Volumen des Belüftungsbeckens und Tag nahmen die Abbauleistungen nur unwesentlich ab. Beim Kaliumpermanganat-Verbrauch lag die Abbaurate noch über 80%, während bei einer Steigerung der Beschickung auf 4 m³ Abwasser je m³ Becken und Tag ein Abfall auf etwa 70% eintrat. Der Phenolabbau blieb auch bei dieser relativ hohen Beschickung unbeeinflußt.
Zur Steigerung des Phenolgehaltes bis auf Konzentrationen, wie sie bei Kokereien ohne Phenolgewinnungsanlagen auftreten können, wurde dem Zulauf zur Versuchsanlage Phenolatlauge aus der Entphenolungsanlage der Kokerei Emil zugesetzt, da diese Lauge die verschiedenen Phenole in entsprechender Zusammensetzung enthielt und Vorversuche gezeigt hatten, daß die Bindung an Natronlauge sich nicht nachteilig auf den biochemischen Prozeß auswirkt. Die Ergebnisse dieser Versuchsreihe B I/1960 sind in den Tafeln 17 und 18 zusammengestellt. Mit diesen hohen Konzentrationen konnten Phenolbelastungen bis nahezu 4,5 kg/m³ Beckenvolumen und Tag erzielt werden. Abb. 18 zeigt, daß bei dieser extremen Belastung noch ein biologischer Abbau von 3,9 kg/m³ · d (= 87%) erzielt wurde. Von größerer Bedeutung ist im allgemeinen aber der Endgehalt an Phenolen im Ablauf einer Reinigungsanlage. In Abb. 19 sind daher die Phenolrestgehalte in Abhängigkeit von der Zulaufkonzentration und der dazu gehörige prozentuale Wirkungsgrad aufgetragen. Bis zu einem Phenolgehalt von 600 mg/l im Zulauf blieb der Endwert unter 20 mg/l und stieg dann verhältnismäßig schnell an. Das bedeutet für eine mittlere Abwasserbeschickung von 2,0 m³ je m³ Beckenvolumen und Tag, die einer 12stündigen Aufenthaltszeit entspricht, eine optimale Belastung von 1,1 kg Phenol je m³ Beckenvolumen und Tag. Die Darstellung des prozentualen Wirkungsgrades läßt erkennen, daß hierbei auch ein Optimum in der Abbauleistung erzielt wurde.
Der Rückgang in der Abbauleistung bei steigender Raumbelastung muß nicht unbedingt seine Ursache in der Phenolkonzentration oder -belastung haben, sondern kann auch auf die Konzentration von anderen Begleitstoffen zurückgeführt werden, wie Abson und Todhunter [26] nachgewiesen haben. So ist ein deutlicher Rückgang in der Phenoloxydation festzustellen, wenn die Ammoniumkonzentration 1700 mg NH_4/l überschreitet. Daher kann in manchen Fällen die Ammoniumkonzentration und nicht

die Phenolkonzentration die Notwendigkeit einer Verdünnung des Abwassers vor seiner biologischen Reinigung bestimmen.
Es konnten Phenolgehalte bis zu 3000 mg/l behandelt werden, wenn der Gehalt an Ammonium im gleichen Abwasser unter 2000 mg/l lag. Bei größeren Salzgehalten erhöht sich der osmotische Druck so stark, daß er sich schädigend auf die Mikroorganismen auswirkt. Auch Sulfide in größeren Konzentrationen hemmen die Phenoloxydation. Sulfidgehalte unter 25 mg/l sind ohne Wirkung, Konzentrationen bis 100 mg/l können von den Mikroorganismen nach Adaptation ohne Beeinflussung des Wirkungsgrades vertragen werden, wobei Adaptationszeiten von 24 bis 48 Stunden benötigt werden. Plötzliche Sulfidstöße werden demnach einen deutlichen Rückgang in der Phenoloxydation bewirken.
Untersuchungen über den Einfluß von Rhodaniden in Konzentrationen von 50 bis 250 mg/l zeigten, daß die üblicherweise in Kokereiabwasser vorliegenden Rhodanidgehalte keinen nennenswerten Effekt auf den Phenolabbau haben. Hingegen können bestimmte Metalle bereits in Konzentrationen von wenigen mg zu einer starken Beeinträchtigung der Phenoloxydation führen, wenn nicht sehr lange Adaptationszeiten vorliegen. Besonders schädlich sind Kupfer, Nickel und Chromate, in gewissem Umfang auch Zink und Chrom. Es ist daher nicht ratsam, diese Materialien an Stellen der Reinigungsanlagen zu verwenden, wo durch Lösung ein Übergang in das Abwasser auftreten kann.

8.2.2 Einstufige und mehrstufige Behandlung

Im allgemeinen reicht eine einstufige biologische Behandlung, um die im Kokereiabwasser enthaltenen Phenole auf Restgehalte abzubauen, die eine Einleitung in die Vorfluter zulassen. Die Wirkung einer zweiten nachgeschalteten Belebungsstufe ist in den Versuchen 8.16 (Tafel 12), 8.25 (Tafel 13) und 8.31–8.33 (Tafel 14) untersucht. Dabei hat sich gezeigt, daß die zweite Stufe hinsichtlich des Phenolabbaues nur eine geringe Wirkung hat, solange Raumbelastung und Aufenthaltszeit in der ersten Stufe entsprechend niedrig gehalten werden. Erst bei höheren Belastungen der ersten Stufe (etwa ab 1,5 kg Phenol/$m^3 \cdot d$) erreicht man mit der nachgeschalteten zweiten Belebungsstufe nennenswerte zusätzliche Abbauraten. Der relativ hohe Betriebs- und Kostenaufwand einer zweiten Stufe rechtfertigt eine zweistufige Behandlung des Kokereiabwasser aber nur dann, wenn die örtlichen Bedingungen, wie z. B. ein leistungsschwacher Vorfluter oder das Einzugsgebiet einer Trinkwassergewinnung, einen sehr weitgehenden Phenolabbau erfordern.
Eine umfassende Übersicht über die in den Jahren 1934–1960 durchgeführten Untersuchungen zur biologischen Behandlung von Kokereiabwasser im Versuchsmaßstab sowie in Großanlagen gibt Dewes [13]. Angefangen mit den Versuchen nach dem Magdeburger P-Verfahren bis zur Betriebsanlage in Brebach/Saar werden die aus der Literatur bekannten und aus eigenen Feststellungen ermittelten Ergebnisse zusammenfassend dargestellt.
Sehr intensiv waren die Bemühungen um eine Leistungssteigerung im Phenolabbau durch Einsetzen spezieller Bakterienkulturen beim sogenannten Nocardia-Verfahren [29]. Bringmann und Schröder [30] berichten über eine Anlage in Troisdorf zur Behandlung von Abwasser aus der Kunststoffindustrie, wobei Gehalte an wasserdampfflüchtigen Phenolen von 4200 mg/l um 99,2% auf 35 mg/l abgebaut wurden. Ähnlich gute Ergebnisse werden von Kober [31] für eine Lübecker Anlage beschrieben, die zwar nach den gleichen Konstruktionsprinzipien (Lübecker Becken) gebaut wurde, jedoch ohne besondere Bakterienkulturen, aber mit Zusatz von häuslichem Abwasser

betrieben wurde. Über die biologische Abwasserreinigung in der Großkokerei Lauchhammer, bei der eine mehrstufige Behandlung in Tropfkörpern und Belebungsanlagen vorgenommen wird, berichtet RICHTER [32].
Die biologische Behandlung des phenolhaltigen Abwassers der Kokerei Maurits in Geleen (Holland) beschreiben ADEMA und TIETEMA [33]. Bei 2- bis 3tägiger Aufenthaltszeit wird 99,3% Abbau der Phenole auf Restgehalte um 2 mg/l erzielt bei gleichzeitigem Abbau von Rhodaniden und Cyaniden um nahezu 100%. Über eine biologische Oxydation der einwertigen Phenole von ursprünglich 900–1500 mg/l auf Restgehalte von 2 bis 10 mg/l in einer englischen Kokerei berichten JONES und MILLAR [34]. Die Untersuchungen von BICZYSKO [35] an einem Oxydationsgraben einer polnischen Hochtemperaturkokerei ergaben bei 99%iger Reinigungswirkung Restgehalte für wasserdampfflüchtige Phenole unter 1 mg/l und für Gesamtphenole unter 10 mg/l.
Bei der gemeinsamen Behandlung von Kokereiabwasser und häuslichem Abwasser, wie beispielsweise in den Anlagen in Brebach und in Lübeck, werden die Bakteriennährstoffe (Phosphate u. a.) mit dem häuslichen Abwasser zugeführt, wobei die sonst notwendige Nährstoffzugabe entfallen kann.

8.3 Abbau der Rhodanide und Cyanide

Bei den Versuchen bestätigte sich die schon an anderer Stelle [27] gemachte Feststellung, daß phenolabbauende Bakterien zusammen mit rhodanidabbauenden Bakterien in dem Belüftungsbecken der ersten biologischen Stufe nebeneinander existieren können ohne nennenswerte gegenseitige Beeinträchtigung ihrer spezifischen Reinigungsleistung. Trotzdem wurde bei verschiedenen Versuchen das Abwasser zweistufig behandelt (Tafel 21–26). Dabei war dem Belüftungsbecken ein Tropfkörper nachgeschaltet, um festzustellen, ob Konzentrationsschwankungen im Ablauf der ersten Belebungsstufe, die durch Konzentrationsstöße oder sonstige Störungen im Zulauf der Anlage entstanden, im Tropfkörper abgefangen werden konnten.
Ein weitgehender Abbau der Rhodanide ist im Hinblick auf schädigende Auswirkungen im Vorfluter weniger von Bedeutung. Er ist jedoch unbedingt notwendig, wenn in einer nachgeschalteten Reinigungsstufe das Ammoniak oxydiert werden soll. Da im Kokerei- und Gaswerksabwasser häufig hohe Cyanidgehalte vorhanden sind, war außerdem festzustellen, wie sich Cyanide bei ein- und mehrstufiger biologischer Behandlung vermindern bzw. welche Wirkung sie auf die Gesamtleistung der biologischen Reinigung haben.

8.3.1 Grenzkonzentrationen und Belastungen

Die Untersuchungen über den *Rhodanidabbau* wurden vorzugsweise in der zweiten Versuchsperiode vorgenommen. Bereits aus den ersten Versuchen über die Belastungsgrenzen und über den Phenolabbau konnten gewisse Schlüsse über den Rhodanidabbau gezogen werden (Tafel 15). Die Hauptversuche über die Rhodanidverminderung wurden jedoch in den Versuchsreihen C 1 und C 2/1960 unter Zugabe steigender Mengen Rhodanid (Thiosulfat) zum Zulauf der Belebungsanlage durchgeführt (Tafel 19). Bei sonst gleicher Abwasserzusammensetzung und gleichen Versuchsbedingungen konnten Rhodanidgehalte bis zu 200 mg/l nahezu restlos abgebaut werden. Bis zu 450 mg/l betrug die Abbauleistung etwa noch 90%, während bei höheren Konzentrationen ein starker Abfall in der Leistung festzustellen war. Die eingesetzten Rhodanidkonzentrationen hatten keinen nennenswerten Einfluß auf den Phenol- und Cyanidabbau.

Die in Tafel 11 aufgeführten rhodanidabbauenden Bakterien sind in der Lage, Thiosulfate und Cyanide in Gegenwart von Thiocyanat zu oxydieren. Dabei findet der Abbau des Thiosulfates vor der Oxydation der Cyanide und Thiocyanate statt. Die englischen Untersuchungen [26] befaßten sich auch mit dem Einfluß anderer Begleitstoffe im Kokereiabwasser auf die Oxydationsrate für Thiocyanate und Thiosulfate. In Abwasser, das sowohl Phenole als auch Thiocyanate enthält, muß zunächst die Hauptmenge der Phenole beseitigt werden, bevor eine Biooxydation der Thiocyanate eintreten kann. Eine deutliche Verminderung im Rhodanidabbau trat bei Phenolgehalten über 25 mg/l ein. Auch die Gegenwart von Kalzium, das aus der Ammoniakgewinnung im Abwasser enthalten sein kann, wirkte sich hemmend auf den Rhodanidabbau aus. Nach längerer Adaptionszeit waren jedoch Konzentrationen von 500 bis 1000 mg/l Kalzium verträglich. Bei Ammoniumchloriden blieben Konzentrationen von 500 bis 1000 mg/l nach 48stündiger Gewöhnungszeit ohne Einfluß. Ähnliche Beobachtungen wurden für Ammoniumsulfat und Ammoniumsulfit gemacht. Dagegen trat eine deutliche Verminderung des Rhodanidabbaues ein, wenn Ammoniumsulfide in Konzentrationen über 25 mg/l vorlagen. Ammonium-Ferrocyanide zeigten bei Konzentrationen über 150 mg/l eine hemmende Wirkung. Metallionen wirken sich in gleicher Weise schädigend auf die rhodanidabbauenden Bakterien aus wie bei der Phenoloxydation.
Neuere Untersuchungen von Schönborn und Lautenbach [36] in Belebungsanlagen im Labormaßstab zeigten bis zu Konzentrationen von 200 mg/l einen vollständigen Abbau der Rhodanide. Eine Belastung mit 270 mg/l führte zu Schädigungen des belebten Schlammes und zu einer Abnahme sowohl der Abbauleistung für Rhodanid als auch der des Kaliumpermanganatverbrauchs. Als Produkte und Folgeprodukte des Abbaues von Rhodanid wurden Sulfat, Ammoniak, Nitrit und Nitrat gefunden. Die Untersuchungen in Tropfkörpern ließen höhere Belastungen bei etwa gleich gutem Reinigungseffekt zu.
Zur Feststellung, wie sich hohe *Cyanidgehalte* bei der biologischen Behandlung des Abwassers verhalten bzw. wieweit sie den biologischen Wirkungsgrad beeinflussen, wurde die Konzentration im Zulauf zur Versuchsanlage allmählich von 2 mg/l auf etwa 115 mg/l gesteigert (Abb. 20).
Bei Gehalten unter 20 mg/l im Zulauf zum Belüftungsbecken sind im Ablauf weniger als 1 mg/l gefunden worden. Stieg die Konzentration im Zulauf bis auf 120 mg/l an, so nahm auch der Restgehalt im Ablauf der ersten Stufe bis auf 3 mg/l zu. Die Ergebnisse dieser Untersuchungen sind im einzelnen in Tafel 20 zusammengestellt. Man erkennt daraus, daß selbst Cyanidbelastungen in der Größenordnung von 230 $g/m^3 \cdot d$ noch zu 97% beseitigt werden konnten. Wenn auch im Phenolabbau keine Beeinträchtigung festzustellen war, so trat doch bei Cyanidgehalten im Zulauf über 3 mg/l ein deutlicher Rückgang im Rhodanidabbau ein.
Ob die Verminderung des Cyanidgehaltes ausschließlich auf biologische Prozesse zurückzuführen ist, konnte durch die Versuche nicht eindeutig bestimmt werden. Einerseits war in den ersten Versuchsreihen, bei denen ein offenes System für die Kühlung des Rohwassers verwendet wurde, ein eindeutiger Ausblaseffekt für die leicht flüchtigen Cyanide festzustellen, andererseits konnte bei den späteren Versuchen mit einem indirekten Kühlsystem in der austretenden Druckluft über dem Belebungsbecken mit Gasspürgeräten kein nennenswerter Gehalt an Blausäure vermittelt werden. Bucksteeg [37] hat bei Laborversuchen mit Tropfkörpern bei einer Zulaufkonzentration von 50 mg/l Kaliumcyanid (als CN) bis zu 36% biologisch abbauen können. Bei Verringerung der Belastung und hinreichend langer Kontaktzeit soll die Abbaurate noch vergrößert werden können. Er weist jedoch darauf hin, daß die in mit Cyanid beschickten Tropfkörper aufgefundenen Aktinomyceten wegen ihrer streng autotrophen

Lebensweise nur in Abwesenheit organischer Stoffe gedeihen. Deshalb könne ein optimaler Cyanidabbau nur in rein cyanidhaltigem Abwasser ohne für die Actinomyceten störende Begleitstoffe stattfinden.

8.3.2 Einstufige und mehrstufige Behandlung

Wenn auch hinsichtlich Phenol-, Rhodanid- und Cyanidabbau in der ersten biologischen Stufe bereits beachtliche Abbauraten erzielt werden konnten, so sind bei Spitzenbelastungen, die im Ablauf der ersten Stufe noch enthaltenen Restgehalte erst in der zweiten nachgeschalteten biologischen Stufe weitgehend abgebaut worden. So konnten von den im Zulauf zur zweiten Stufe enthaltenen Stoffen die Rhodanide bis zu 50%, bei niedrigen Phenolbelastungen sogar bis zu 88% vermindert werden, wobei sich der Kaliumpermanganatverbrauch zusätzlich bis zu 35% verminderte. Sofern in einem Abwasser höhere Cyanidgehalte außerdem in schwankenden Konzentrationen auftreten, ist es zweckmäßig, eine zweite biologische Stufe nachzuschalten. Bei den Versuchen konnte im nachgeschalteten Tropfkörper der Versuchsanlage der im Ablauf der ersten Stufe verbleibende Cyanidrest bis unter 1 mg/l abgebaut werden (Abb. 20). Die Untersuchungsergebnisse der zweistufigen Behandlung sind in den Tafeln 21–26 zusammengestellt.

Die von Böhnke [38] durchgeführten Untersuchungen über die Behandlung von cyanhaltigem Abwasser auf Tropfkörper hatten sehr ähnliche Ergebnisse. Bei Cyankonzentrationen bis etwa 5 mg/l im Zulauf konnten Abbauwerte von 80% erreicht werden. Diese nahmen bei steigendem Cyanidgehalt bis auf 30 mg/l allmählich auf etwa 50% ab. Entsprechend stiegen bei Zulaufbelastungen von mehr als 5 mg/l die Konzentrationen im Ablauf über 1 mg/l an. Durch Nachschalten einer Belebungsanlage konnten auch hier bei höheren Cyanidbelastungen Gesamtabbauraten über 80% erreicht werden.

Eingehende Untersuchungen über den biologischen Abbau von Cyaniden wurden auch von Lautenbach [36] angestellt. Bei einer allmählichen Steigerung von 1 auf 200 mg KCN/l (= 80 mg CN/l) konnten bis zu 95% Cyanide aus dem Abwasser entfernt werden. Dabei zeigte sich deutlich ein Anstieg des Ammoniak- und Nitritgehaltes im Ablauf des Tropfkörpers. Die Ergebnisse der Untersuchungen deuteten darauf hin, daß eine 90%ige Minderung des Cyanidgehaltes nicht allein auf das Austreiben von Blausäure zurückzuführen war. Da parallel mit der Erhöhung der Cyanidkonzentration im Ablauf der Ammoniak- und Nitritgehalt anstiegen. Es wurden ca. 80% des im cyanidhaltigen Abwassers ermittelten Stickstoffes im Ablauf wiedergefunden. Es können also lediglich 20% des Stickstoffes ausgetrieben worden sein. Bei Versuchen mit Belebungsanlagen zeigte sich jedoch ein wesentlich geringerer Cyanidabbau als in Tropfkörpern. Die von Bucksteeg festgestellten aktinomycetenähnlichen Organismen konnten bei diesen Versuchen nur bei Tropfkörperrasen nicht im belebten Schlamm gefunden werden.

8.4 Stickstoffverbindungen

Die ersten Untersuchungen über die Wirkungsweise einer nitrifizierenden Stufe wurden im Labormaßstab ausgeführt. Die dreistufige Versuchsanlage bestand aus zwei Belüftungsbeckeneinheiten als erste und letzte Stufe und einer Tropfkörpereinheit als Zwischenstufe. Als Versuchsmedien diente das Abtreiberabwasser der Kokerei Emil (ohne vorherige Entphenolung). Dabei wurden in drei Versuchen folgende Ergebnisse erzielt:

	Phenole			Rhodanide			Ammoniak		
	mg/l	mg/l	mg/l	mg/l	mg/l	mg/l	mg/l	mg/l	mg/l
Zulauf	842	558	780	125	83	86	1475	1020	1400
Abl. 1. Stufe	18	10	9	116	44	50			
Abl. Tropfkörper	6	5	5	10	8	3	1325	845	1400
Abl. 3. Stufe							112	107	58
Abbau %	99	99	99	92	91	97	12	90	96

In den ersten beiden Stufen konnte von der Ausgangskonzentration des Ammoniaks nur ein unwesentlicher Prozentsatz abgebaut werden. Der Oxydationsprozeß verlief ausschließlich in der dritten Stufe unter Anwesenheit von nitrifizierenden Bakterien, wobei Abbauraten bis 96% festzustellen waren.

8.4.1 Umwandlung und Abbau des Ammoniakstickstoffes

Im Abwasser der Kokereien sind große Mengen an Stickstoff enthalten, die sich mehr oder weniger schädlich auf das tierische und pflanzliche Leben in den Gewässern und die Nutzung des Wassers auswirken. Zu den Stickstoffverbindungen gehören Stoffe mit organisch gebundenem Stickstoff, Ammoniak bzw. Ammoniumsalze, Nitrate und Nitrite. Durch Bakterientätigkeit kann der Stickstoff von einer dieser Bindungsformen in eine andere oder auch in elementaren Stickstoff überführt werden. Die Umwandlungsprozesse laufen zum Teil gleichzeitig nebeneinander ab, wobei ihr Verlauf insbesondere vom Sauerstoffgehalt und der Temperatur abhängig ist. Einen zusammenfassenden Überblick über die Herkunft und die Behandlungsmöglichkeiten stickstoffhaltiger Abwässer geben Wurm und Gräwe [39].
Die Bakterien verwerten Ammoniakstickstoff im Rahmen des Stoffwechsels ihrer Zellen. Dabei kann Ammoniak entweder direkt als Baustoff für die Synthese von Zellsubstanz oder aber als Energiequelle verwendet werden. Im ersteren Fall wird NH_3 mit organischen Säuren zu Aminosäuren umgesetzt, aus denen dann Zelleiweiß aufgebaut wird. Der Ammoniakstickstoff geht hierbei direkt in die Biomasse des belebten Schlammes ein, d. h. er wird von der gelösten Form in die Festsubstanz überführt und mit dem Überschußschlamm ausgetragen. Anders liegen die Verhältnisse bei der Nitrifikation, d. h. bei der bakteriellen Oxydation des Ammoniaks zu Nitrit und zu Nitrat, die von den Mikroorganismen zum Zwecke der Energiegewinnung durchgeführt wird. In diesem Fall wird Ammoniak lediglich in eine andere Stickstoffverbindung umgesetzt. Jedoch schafft die Nitrifikation die Voraussetzung für eine echte Stickstoffentfernung, indem das bei der Ammoniakoxydation gebildete Nitrat Ausgangsstoff für einen gegenläufigen bakteriellen Reduktionsvorgang (Denitrifikation) ist, bei dem als Endprodukt gasförmiger elementarer Stickstoff entsteht.
Die Überführung von Stickstoffverbindungen in Zelleiweiß findet bei allen biologischen Prozessen durch die heterotrophen Mikroorganismen des belebten Schlammes statt. Das Ausmaß dieses Stickstoffverbrauches ist je nach Zusammensetzung des zufließenden Abwassers sehr verschieden und von dem Gehalt an assimilierbaren organischen Kohlenstoffverbindungen abhängig. Setzt man den BSB_5 als Maß für die im Abwasser enthaltenen abbaubaren Substanzen ein, so beträgt der Stickstoffverbrauch der Bakterien etwa 20–30 g je kg BSB_5. Der durch Nitrifikation bedingte Ammoniakabbau wird dagegen nur von bestimmten autotroph lebenden Bakteriengruppen bewirkt, die sich

nur unter speziellen Bedingungen entwickeln können. Sie benötigen neben einer neutralen oder schwachalkalischen Reaktion des Wassers eine relativ hohe Wassertemperatur (20–30 °C) und ausreichend Sauerstoff. Sie sind nicht an das Vorhandensein organischer Kohlenstoffverbindungen gebunden, da sie die für den Betriebsstoffwechsel erforderliche Energie bei der Überführung von Ammoniak in Nitrit und Nitrat gewinnen. Größere Konzentrationen organischer Stoffe wirken auf den Nitrifikationsvorgang sogar hemmend.

8.4.2 Belastungen und Betriebsbedingungen

Die Untersuchungen im technischen Maßstab hatten zwar eindeutig gute Ergebnisse im Abbau von Phenolen, Rhodaniden und Cyaniden gezeigt, jedoch war eine wirksame Nitrifikation nicht erzielt worden. Aus den anfangs genannten Gründen wurden daher entsprechende Versuche im Laboratorium der Firma Simon Carves Ltd. durchgeführt. Das Abwasser für diese Versuche entstammte der Kokerei Emil und wurde jeweils per Luftfracht nach Stockport in England befördert. Um eine eventuelle Veränderung der Abwasserbeschaffenheit während des Transportes feststellen zu können, sind Vergleichsanalysen in Deutschland und England vor und nach dem Transport vorgenommen worden. Die Analysenergebnisse aus den englischen Versuchen sind in Tafel 27 zusammengestellt.

Für die Ermittlung der Abbaurate von Phenolen, Rhodaniden und Ammoniak sind zunächst Schüttelflaschen-Versuche durchgeführt worden. Dabei ist das Abwasser mit einer 10prozentigen Reinkultur von phenol- und rhodanidabbauenden Bakterien geimpft worden. Als Nährsalze dienten Phosphorsäure (20 mg/l) Magnesiumsulfat (8 mg/l) und Eisenchlorid (2 mg/l). Der pH-Wert wurde auf 8,0 eingestellt und die Proben bei 25 °C bebrütet. Nach 3tägigem Schüttelversuch waren die Gesamtphenole bis auf etwa 20 mg/l und die einwertigen Phenole auf etwa 5 mg/l vermindert. Eine weitere 2tägige Bebrütung reichte zur völligen Oxydation der Thiocyanate aus. Der bakterienhaltige Schlamm wurde dann abfiltriert und die Flüssigkeit mit einer 10%igen Stammkultur nitrifizierender Bakterien neu geimpft. Wie in der ersten Stufe wurden dem Abwasser wieder Nährstoffe zugegeben und außerdem Calciumkarbonat (5000 mg/l) zugefügt. Eine 4tägige Behandlung in den Schüttelflaschen bei 25 °C verminderte den Ammoniakgehalt von 1100 auf 20 mg/l.

Die Ergebnisse dieser Schüttelflaschenversuche wurden mit dem gleichen Abwasser durch Versuche in Belüftungsflaschen und Belebungsbecken im Labormaßstab bestätigt. In jedem Falle erfolgte eine vollständige Nitrifikation.

In der ersten Stufe schäumte das Abwasser leicht, so daß ein Zusatz von Antischaummittel erforderlich war. Für diesen Zweck werden Tri-n-Butylzitrat oder Tri-n-Butylphosphat empfohlen. Um in der Nitrifikationsstufe einen pH-Bereich von 7,0 bis 7,5 einzuhalten, war der Zusatz von Calciumkarbonat erforderlich. Damit konnte sowohl die bei der Oxydation des Ammoniaks erzeugte Salpetersäure neutralisiert und außerdem der Kohlenstoffbedarf der nitrifizierenden Bakterien gedeckt werden.

Als Ursache für die nicht erreichte Nitrifikation in der Versuchsanlage auf der Kokerei Emil können nach Auswertung der Versuche folgende Gründe angesehen werden:

a) Ein zu niedriger pH-Wert und zeitweiser Sauerstoffmangel ließen nur eine geringe Oxydationsgeschwindigkeit für Phenole zu. Der niedrige pH-Wert regte zum Wachstum von Pilzen an, die sich in der Nachklärung nicht absetzten. Das führte zur Übertragung organischer Stoffe, die die Neigung haben, die autotrophen nitrifizierenden Bakterien zu hemmen.

b) Eine zu niedrige Oxydationsrate der Rhodanide und Cyanide führte ebenfalls zu einer Hemmung der nitrifizierenden Bakterien.

c) Niedriger pH-Wert und Sauerstoffmangel in der Nitrifikationsstufe sowie fehlendes Calciumkarbonat verhinderten optimales Wachstum der nitrifizierenden Bakterien.

d) Der Spezialanstrich der Belüftungsbecken (Permatex-Beschichtung) führte möglicherweise zu einer Verseuchung des Abwassers mit toxischen Metallionen.

Die Versuche im Laboratorium der Firma Simon Carves wurden in gleicher Form durchgeführt, wie der verfahrenstechnische Ablauf in der technischen Versuchsanlage. Als erste Stufe diente ein Laborbelüftungsbecken mit 8 Stunden Aufenthaltszeit und 100% Rücklauf. Es wurden Nährsalze in gleicher Menge zugesetzt wie bei den Schüttelflaschenversuchen. Für die zweite Stufe wurde ein Hochlasttropfkörper (ca. 2 $m^3/m^3 \cdot d$) verwendet, dem 5 mg/l Phosphorsäure zugesetzt wurden. Als dritte Stufe war ein Laborbelüftungsbecken mit 48 Stunden Aufenthaltszeit nachgeschaltet. Ihr wurden nochmals 20 mg/l Phosphorsäure und die 1,5fache stöchiometrische Menge Calciumkarbonat zugesetzt. Die Ergebnisse dieser Versuche sind ebenfalls in Tafel 27, Spalten b und c, enthalten. In allen Fällen ließ sich eine weitgehende Nitrifikation des Ammoniakstickstoffs erzielen. Dabei trat erwartungsgemäß ein starker Anstieg des Nitratgehaltes auf. Die Ergebnisse der von der Emschergenossenschaft durchgeführten Vergleichsanalysen sind in Tafel 28 zusammengestellt.

Aus den bisher vorliegenden Erkenntnissen der eigenen Untersuchungen und der Feststellungen an anderer Stelle geht hervor, daß die nitrifizierenden Bakterien besondere Bedingungen an ihre Umwelt stellen. Will man also eine Ammoniakumwandlung mit gutem Wirkungsgrad erreichen, so ist dies nur in einer getrennten Reinigungsstufe möglich, die den Bakterien ihre arteigenen Lebensbedingungen bietet. Hierzu gehören neben einer exakten Regulierung des pH-Wertes und des Temperaturbereiches eine reichliche Versorgung mit Sauerstoff und Nährsalzen sowie eine vorherige Beseitigung aller störenden Konzentrationen organischer Substanzen. ABSON und TODHUNTER [26] setzten je m^3 Abwasser 140 g Phosphor, 300 g Kochsalz, 30 g Eisensulfat und 140 g Magnesiumsulfat als Nährsalze für die nitrifizierenden Bakterien zu. Für die Nitrifizierung von 1 kg Ammoniak werden außerdem etwa 4 kg Calciumkarbonat und 3,4 kg gelöster Sauerstoff benötigt. Beim Eintritt in die Nitrifizierungsstufe darf das Abwasser nicht mehr als 1500 mg/l NH_3, höchstens 50 mg/l Phenole und maximal 10 mg/l Rhodanide oder Cyanide enthalten. Bei höheren Konzentrationen muß das zu behandelnde Abwasser entsprechend verdünnt werden, um die Bakterien lebensfähig zu erhalten.

Die Betriebskennwerte aller Versuche im technischen Maßstab sind in Tafel 29 zusammengefaßt.

9. Sauerstoffbedarf und Sauerstoffeintrag

Zur Umwandlung der organischen Inhaltsstoffe des Abwassers in Zellsubstanz benötigen die Mikroorganismen Energie. Ein Teil der organischen Verunreinigungen wird daher oxydiert und liefert die für den Zellaufbau erforderliche Energie. Der hierfür aufgewandte Sauerstoffverbrauch wird als Substratatmung bezeichnet. Daneben wird ein Teil der gebildeten Zellsubstanz oxydiert und aufgezehrt. Dieser Sauerstoffverbrauch wird endogene Atmung genannt. Um die optimale Oxydationsrate zu erreichen, muß ein ausreichend großes Sauerstoffangebot vorliegen, d. h. die Sauerstoffzufuhr im Belebungsbecken muß zu jeder Zeit geringfügig über dem Sauerstoffverbrauch der Organismen liegen. Der Mindestsauerstoffgehalt im Becken soll 0,5 mg/l, besser jedoch 1 mg/l betragen. Bei starken Konzentrationsschwankungen ist es zweckmäßig, den Sauerstoffspiegel aus Sicherheitsgründen höher zu halten.

9.1 Sauerstoffbilanz

Der Sauerstoffverbrauch der Mikroorganismen ist bei einer vereinfachten Betrachtung abhängig von

der Substratatmung $= d \cdot B'_R$
der endogenen Atmung $= e \cdot TS_R$
der Stickstoff-Oxydation $= f \cdot OV_N$

Die angenäherte Gleichung für den Sauerstoffverbrauch der Mikroorganismen [40] einschließlich der Stickstoffoxydation lautet dann:

$$\boxed{OV = d \cdot B'_R + e \cdot TS_R + f \cdot OV_N}$$

Hierin bedeuten:

OV = Sauerstoffverbrauch der Mikroorganismen in kg O_2 je m^3 Becken und Tag
B'_R = BSB-Abbau der Raumeinheit in kg BSB je m^3 Becken und Tag
TS_R = Schlammtrockensubstanz des belebten Schlammes in kg TS je m^3 Becken
OV_N = Stickstoffoxydation der Raumeinheit (Ammoniakgehalt im Zulauf minus Ammoniakgehalt im Ablauf mal Abwasserbeschickung) in kg NH_3 je m^3 Becken und Tag
d = Beiwert für den Anteil des BSB-Abbaues, der beim Zellaufbau direkt oxydiert wird (bei Industrieabwässern zwischen 0,35 und 0,55)
e = Beiwert, der dem Absolutwert der endogenen Atmung entspricht (zwischen 0,07 und 0,15)
f = Beiwert für den Anteil der Stickstoffoxydation (etwa 3,2 bis 3,7)

Setzt man voraus, daß im untersuchten Gesamtabwasser der Kokerei (siehe Tafel 8) nach Zusatz von Nährstoffen ein ausgeglichenes Verhältnis zwischen Kohlenstoff, Stickstoff und Phosphor gegeben ist, so ließe sich folgender überschlägiger Sauerstoffbedarf ermitteln:

BSB_5 im Zulauf	$= 0{,}645\ kg/m^3$
Abwasserbeschickung	$= 2{,}0\ m^3/m^3 \cdot d$
Wirkungsgrad (BSB_5)	$= 95\%$
Abbauleistung (BSB_5)	$= 1{,}22\ kg/m^3 \cdot d$
Schlammtrockensubstanz	$= 3{,}0\ kg/m^3$
NH_3 im Zulauf	$= 0{,}885\ kg/m^3$
NH_3 im Ablauf	$= 0{,}010\ kg/m^3$
Abbauleistung (NH_3)	$= 1{,}750\ kg/m^3 \cdot d$

$OV = 0{,}45 \cdot 1{,}22 + 0{,}1 \cdot 3{,}0 = 0{,}850\ kg\ O_2/m^3 \cdot d$ (ohne Stickstoffabbau)
$OV = 0{,}850 + 3{,}4 \cdot 1{,}750 = 6{,}800\ kg\ O_2/m^3 \cdot d$ (mit Stickstoffabbau)

Man erkennt daraus, daß der Sauerstoffbedarf für die Stickstoffoxydation ein Mehrfaches des Bedarfes für alle übrigen organischen Bestandteile beträgt. Auf Grund dieser vereinfachten Berechnung betrug der mittlere theoretische O^2-Bedarf etwa

$$\frac{6800}{24} = 280 \ g/m^3 \cdot h$$

und bei Spitzenbelastungen etwa 350 $g/m^3 \cdot h$.

Nach den im Abschnitt 8.1.4 beschriebenen Sauerstoffeintragsversuchen konnte mit der vorhandenen Belüftungseinrichtung ein Eintrag von rd. 300 g $O_2/m^3 \cdot h$ erzielt werden. Diese Sauerstoffzufuhr reichte bei allen Versuchen aus, da die Stickstoffverbindungen nur zum Teil oxydiert wurden.

9.2 Wahl des Belüftungssystems

Bei der Reinigung hochkonzentrierten industriellen Abwassers nach dem Belebungsverfahren werden an die Belüftungseinrichtung in verschiedener Hinsicht besonders hohe Anforderungen gestellt:

a) Große Sauerstoffeintragsleistung, um bei dem oft recht hohen Gehalt an organischen Substanzen eine ausreichende Sauerstoffversorgung zu gewährleisten. An allen Stellen des Belüftungsbeckens soll im Abwasser-Schlamm-Gemisch zu jeder Zeit ein Sauerstoffgehalt von mindestens 0,5–1,0 g O_2/m^3 vorhanden sein.
b) Gute Durchmischung des Abwassers mit dem belebten Schlamm. Die Strömungsgeschwindigkeit des umgewälzten Wassers soll an der Beckensohle 0,15 m/s für leichten Schlamm und 0,30 m/s für schweren Schlamm nicht unterschreiten, damit eine Ablagerung von Schlammflocken vermieden wird.
c) Möglichst geringer Energieaufwand für Sauerstoffeintrag und Umwälzung.
d) Korrosionsbeständigkeit der verwendeten Materialien gegen aggressive Stoffe im Wasser. Außerdem dürfen keine für die Biologie schädlichen Stoffe in das Wasser übergehen.
e) Belüftungseinrichtung und -anordnung sind so zu wählen, daß eine Schaumbildung im Belüftungsbecken weitgehend vermieden wird.
f) Einfache und betriebssichere Konstruktionen der Belüfter sollen den Wartungsaufwand verringern.

Diese Forderungen können durch die verschiedensten Belüftungssysteme erfüllt werden, wobei jedoch zur Erzielung optimaler Leistungen bestimmte Beckenformen zuzuordnen sind.

Als wirtschaftliche Kenngröße für die Belüftungssysteme gilt der Sauerstoffertrag, der durch das Verhältnis von Sauerstoffzufuhr (kg O_2/h) zu Bruttoenergieaufwand (kWh) als kg O_2/kWh definiert ist. Der Sauerstoffertrag wird zumeist für Reinwasser angegeben. Die nachstehend angegebenen Werte für verschiedene Belüfter [41] sind nicht nur von der Art des Belüftungssystems abhängig, sondern auch von deren Betriebsweise und von der Größe und Form der Belebungsbecken:

System	O_2-Eintrag g $O_2/m_L^3 \cdot m_t$	O_2-Ertrag kgO_2/kWh
Druckbelüftung		
feinblasig	9–15	1,5–3,0
mittelblasig	5–9	1,0–1,8
grobblasig	4–6	0,7–1,2
Oberflächenbelüfter (Kreisel, Walzen)	–	1,0–3,0

Der Sauerstoffeintrag ist hier in g O_2 je m^3 Luft (m_L^3) und je m Einblastiefe (m_t) angegeben. Die Sauerstoffertragswerte ergeben sich aus einem Leistungsaufwand von 5 bis 6 W/m^3 Luft je m Einblastiefe. Die günstigen Werte werden bei geringem Luftdurchsatz pro Belüftereinheit, die niedrigen Werte bei hohem Luftdurchsatz erzielt. Der Sauerstoffeintrag nimmt etwa linear mit der Einblastiefe zu. Unter Betriebsbedingungen kann der Sauerstoffeintrag gegenüber Reinwasser zurückgehen, wobei die prozentuale Abnahme bei feinblasigen Systemen stärker ist als bei grobblasigen. Bei den mechanischen Oberflächenbelüftern, zu denen sowohl Kreiselbelüfter mit vertikaler Antriebswelle als auch Walzenbelüfter mit horizontaler Antriebswelle gehören, kann der Sauerstoffeintrag durch Veränderung der Drehzahl und der Eintauchtiefe gesteuert werden. Die Abnahme der Sauerstoffeintragsleistung unter Betriebsbedingungen ist bei mechanischen Oberflächenbelüftern im allgemeinen geringer als bei der Druckbelüftung.
Insbesondere bei Industrieabwasser sollte die Wahl des Belüftungssystems nicht nur von den erreichbaren Sauerstoffertragswerten bestimmt werden. Von gleicher Bedeutung sind oft die betrieblichen Gesichtspunkte, wie Regelbereich des Sauerstoffeintrages, geringster Leistungsaufwand zur Erzeugung ausreichender Strömungsgeschwindigkeiten im Becken, Verstopfungsgefahr bei fein- und mittelblasigen Belüftern, Neigung zur oder Verhinderung von Schaumbildung, Unempfindlichkeit gegen Bauwerkssetzungen (Bergsenkungsgebiet), Korrosionsanfälligkeit und Wartungsaufwand.

9.3 Energiebedarf

Bei Belüftungssystemen mit hohem Sauerstoffeintrag wird der Energiebedarf im allgemeinen durch die erforderliche Sauerstoffeintragsleistung bestimmt. Diese ist vom Sauerstoffverbrauch abhängig, der sich nach den Angaben des Abschnittes 9.1 ermitteln läßt.
Der Energiebedarf für die Abwasserumwälzung ist vielfach von untergeordneter Bedeutung. Hierfür ist bei üblichen Beckenquerschnitten mit folgendem Leistungsaufwand zu rechnen [40]:

Druckbelüftung (nasse Querschnittsfläche 8–16 m^2)		
feinblasige Belüftung	=	5–10 W/m^3
mittel- und grobblasige Belüftung	=	10–20 W/m^3
Kreiselbelüftung (Beckentiefe : Beckenbreite = 1 : 4)		
Beckenvolumen über 500 m^3	=	20 W/m^3
Beckenvolumen über 1000 m^3	=	15 W/m^3
Beckenvolumen über 2000 m^3	=	10 W/m^3
Walzenbelüftung (nasse Querschnittsfläche 8–16 m^2)	=	5–10 W/m^3

Diese Angaben gelten für gebräuchliche Beckenformen und normal beschaffenen belebten Schlamm. Bei schweren Schlämmen, bei kleinen Beckenvolumen und bei großen Beckentiefen ist der hydraulischen Frage besondere Beachtung zu schenken.

10. Bemessung von Betriebsanlagen

Bei der Bemessung von biologischen Reinigungsanlagen für Industrieabwasser können die für häusliches Abwasser üblichen Dimensionierungsgrundlagen nur bedingt angewandt werden. Generell wirken aber auch hier als äußere Einflüsse auf die Bemessungsgrößen

die Art des Abwassers,
die Verteilung von Konzentration und Menge des Abwassers über bestimmte Zeiträume,
der gewünschte Grad der Abwasserreinigung und
die anzustrebende Betriebssicherheit.

Aus der Ermittlung dieser Größen ergibt sich die Wahl des Verfahrens und der Betriebsweise. Danach sind für den Entwurf als Bemessungsgrößen

der Rauminhalt von Belebungsbecken, Tropfkörper und Nachklärbecken,
die Fördermengen für Abwasser, Rücklaufschlamm und Tropfkörperrücklauf,
die Menge des Überschußschlammes und
die erforderliche Sauerstoffzufuhr

zu bestimmen.

Hinzu kommen bei Reinigungsanlagen für Industrieabwässer gegebenenfalls noch die Festlegung von Art und Größe eines Ausgleichs- und Mischbeckens, einer Neutralisationsanlage, Öl- und Schlammabscheidern, Wärmeaustauschern und Dosiereinrichtungen für die Nährstoffzugabe.

10.1 Grenzkonzentrationen

Bei der gleichzeitigen Oxydation verschiedener Inhaltsstoffe eines Kokereiabwassers können gegenseitige Beeinflussungen auftreten, die bei den nachfolgend aufgeführten Größenordnungen zu einem deutlichen Abfall der Oxydationsrate führen [26]:

Abzubauender Stoff	Begleitstoffe	Toleranzgrenze g/m³
Phenole	Ammonium (NH_4)	1700
	Thiocyanat	250
	Sulfid	25
	Metallionen	5
Rhodanide	Ammoniumsulfat	2000
	Ammoniumchlorid	1000
	Ammoniumsulfit	150
	Ammoniumthiosulfat	100
	Ammoniumferrocyanid	100
	Calcium	100
	Ammoniumsulfid	25
	Phenole	25
	Metallionen	5
Ammoniak	Phenole	50
	Rhodanide	10
	Cyanide	10

Diese Werte können jedoch nur als Anhalt benutzt werden, da ihr Zusammenwirken und ihre gegenseitige Beeinflussung noch von verschiedenen anderen Faktoren, wie Temperatur und pH-Wert, abhängen.

10.2 Belastungsgrößen

Maßgebend für die Bemessung der Belebungsbecken sind Raumbelastung, Aufenthaltszeit und Schlammbelastung. Auf Grund der Versuchsergebnisse können folgende Belastungen je Volumeneinheit des Beckens angenommen werden:

Phenole	1,0– 2,0	$kg/m^3 \cdot d$
Rhodanide	0,1– 0,2	$kg/m^3 \cdot d$
Ammoniak	0,5– 1,5	$kg/m^3 \cdot d$
BSB_5	3,0– 6,0	$kg/m^3 \cdot d$
$KMnO_4$-Verbr.	15 –30	$kg/m^3 \cdot d$

Die maximale Abwasserbeschickung betrug bei den Versuchen mit Abtreiberabwasser und mit Gesamtabwasser 7,5 m^3/m^3 Becken und Tag. Das entsprach einer minimalen Belüftungszeit von etwa 3,3 Stunden. Die entsprechende Raumbelastung betrug bei Abtreiberabwasser im Mittel 2 kg Phenol/$m^3 \cdot$ d, rd. 4,5 kg $BSB_5/m^3 \cdot$ d und 32 kg $KMnO_4$-Verbrauch/$m^3 \cdot$ d. Für das Gesamtabwasser lagen diese Werte bei 1 kg Phenol, 4 kg BSB_5 und 20 kg $KMnO_4$-Verbrauch je m^3 Becken und Tag.
Mit Rücksicht auf eine möglichst große Betriebssicherheit sollte insbesondere bei schwankender Konzentration die Aufenthaltszeit im Belebungsbecken nicht unter 6 Stunden liegen.
Bei häuslichem Abwasser wird mit einer Schlammbelastung von 0,5 kg BSB_5 je kg Trockensubstanz und Tag bereits eine Vollreinigung (BSB_5 im Ablauf = 25 g/m^3) erreicht. Für die Reinigung von Industrieabwasser wird jedoch mit Rücksicht auf die schwer abbaubaren organischen Verschmutzungen eine geringere Schlammbelastung zweckmäßig sein.
Wird als zweite biologische Stufe ein Tropfkörper nachgeschaltet, so darf dieser nur schwach belastet werden, wenn ein guter biologischer Wirkungsgrad erzielt werden soll. Die Raumbeschickung soll deshalb nicht mehr als 1–2 m^3 je m^3 Tropfkörpervolumen und Tag betragen. Die entsprechenden Raumbelastungen mit organischer Substanz ergeben sich aus den Restkonzentrationen im Ablauf der ersten Reinigungsstufe.
Soll anschließend eine Nitrifizierung des Ammoniakstickstoffes in einer dritten biologischen Stufe vorgenommen werden, so dürfte die Abwasserbeschickung des Belüftungsbeckens auf Grund der Ergebnisse aus den Laborversuchen für die angegebene Zusammensetzung des Kokereiabwassers etwa 0,5–1,0 m^3 je m^3 Becken und Tag betragen.
Eine Oxydation der Stickstoffverbindungen wird bei häuslichem Abwasser mit einer Schlammbelastung von 0,2 kg BSB_5/kg TS $\cdot$ d erzielt [40].
Für die Nachklärbecken sollten auf Grund von Betriebserfahrungen der Praxis mit Rücksicht auf etwaige schlechte Flockungseigenschaften des belebten Schlammes folgende Bemessungswerte verwertet werden:

Absetzzeit	3 –5 h
Oberflächenbeschickung	0,5–0,8 m/h
Oberflächenbelastung	1 –3 $kg/m^2 \cdot h$

Alle Bemessungswerte hängen jedoch sehr stark von den jeweils vorherrschenden Bedingungen der Abwasserbeschaffenheit und des gewünschten Abbaugrades ab. Sie lassen sich für den speziellen Fall am besten durch Versuche mit dem Originalabwasser ermitteln.

10.3 Auslegung der Anlageteile

Bei einer Anlagegröße von beispielsweise 1000 m^3 Gesamtabwasser je Tag und einem mittleren Phenolgehalt von 1 kg/m^3 ist bei einer möglichen Belastung von 1 kg Phenol je m^3 Becken und Tag ein Reaktionsvolumen von 1000 m^3 erforderlich. Das Nachklärbecken müßte bei 3stündiger Aufenthaltszeit etwa 120 m^3 Inhalt haben. Soll eine Tropfkörperstufe nachgeschaltet werden, so wäre hierfür nochmals ein Tropfkörpervolumen von 1000 m^3 erforderlich, um die Raumbeschickung bei 1 m^3/m^3 Tropfkörper und Tag zu halten. Die Nitrifizierungsstufe erforderte schließlich nochmals mindestens 1000 m^3 Beckenvolumen und ein weiteres Nachklärbecken mit rd. 120 m^3 Inhalt. Die Rücklaufschlammpumpen sollten in den beiden Belebungsstufen auf je 100% Rücklauf ausgelegt werden. Für die Bemessung eines evtl. vorzuschaltenden Ausgleichsbeckens sind die Bereiche der Mengen- und Konzentrationsschwankungen maßgebend. Ausgleichsbecken müssen im allgemeinen mindestens 25–50% des täglichen Abwasseranfalles aufnehmen können. Für das gegebene Beispiel müßte das Volumen des Ausgleichsbeckens 250 bis 500 m^3 betragen.
In England sind schon verschiedene Anlagen im Großmaßstab nach dem ein- oder mehrstufigen Belebungsverfahren zur Reinigung phenolhaltigen Abwassers errichtet worden [42 und 43]:

Name und Ort der Firma	Abwasserdurchsatz m^3/d	Phenole g/m^3
National Coal Board, Coedely	155	700
National Coal Board, Cwm Colliery	164	1000
Rich. Thomas & Baldwins Ltd., Ebbw Vale	327	1000
Indian Jron & Steel Ltd., Hirapur	455	700
Government of India, Durgapur	910	1000
Rich. Thomas & Baldwins Ltd., Spencer Works	765	1000
United Coke & Chemikals, Brookhouse Colliery	327	1000
John Summers & Sons Ltd., Shotten Steelworks	765	1000

Während die ersten vier Anlagen mit Druckluft betrieben werden, sind letztere mit Simcar-Kreiselbelüftern ausgerüstet.
Abb. 21 zeigt eine solche Anlage, die auf einer Kokerei in Südengland (Coedely) betrieben wird. In dieser Anlage werden täglich etwa 150 m^3 Abtreiberabwasser und etwa 5–6 m^3 Brüdenkondensate behandelt. Zur Verdünnung und zur Abkühlung auf die erforderliche Betriebstemperatur von 30°C werden etwa 130 m^3 Kühlwasser pro Tag zugesetzt. Das Abwasser durchfließt eine Anzahl von Belüftungsbecken mit einer Aufenthaltszeit von etwa 24 Stunden. Die erforderliche Luft wird dem Abwasser über Filterdome an der Sohle des Beckens in feinblasiger Form zugeführt. Die Belüftungsrate beträgt etwa 50 m^3 Luft je m^3 Mischwasser. Als Nährsalze werden in diesem Falle Kaliumnitrat, Manganchlorid, Magnesiumsulfat, Eisensulfat und Phosphorsäure zugegeben. Neuerdings werden überwiegend Oberflächenbelüfter angewandt, wie dies bei der Anlage Shotton auf Abb. 22 zu erkennen ist. Im Vordergrund sind horizontale Wärmeaustauscher zum Temperaturausgleich angeordnet.

11. Kostenermittlungen

Da bei Anlagen zur biologischen Reinigung von Kokereiabwasser die erforderlichen Installationen einen wesentlich größeren Umfang haben und auf wesentlich geringerem Raum zusammengedrängt sind als bei biologischen Anlagen für die Behandlung häuslichen Abwassers, sind die spezifischen Baukosten pro m³ umbauten Raum entsprechend hoch. Sie werden außerdem beeinflußt durch die Wahl der Baustoffe, da wegen der aggressiven Bestandteile im Kokereiabwasser oftmals hochwertige Materialien eingesetzt werden müssen. Die Höhe der Betriebskosten wird im wesentlichen durch den Energieverbrauch für die Sauerstoffversorgung und durch den Chemikalienverbrauch zur Neutralisation und zum Nährstoffausgleich bestimmt.

11.1 Investitionskosten

Die spezifischen Baukosten der Becken betragen bei Ausführung in Stahlbeton etwa 300–500 DM je m³ Nutzinhalt der Becken. Sie ermäßigen sich mit zunehmendem Beckenquerschnitt und zunehmender Beckengröße und bei der Wahl einfacher Bauweisen. Bei Ausführung in Stahlbauweise erhöhen sich diese Kosten um schätzungsweise 30%. Der Anteil der maschinellen Ausrüstung beträgt 30–50% der Gesamtbaukosten.
Im allgemeinen sind für die Bemessung der ersten Reinigungsstufe die Phenole ausschlaggebend, da sie von allen oxydierbaren Stoffen in absolut höchster Konzentration vorliegen. Unter dieser Voraussetzung sind im oberen Teil der Abb. 23 die Anlagekosten in Abhängigkeit vom Wasserdurchsatz und der Phenolkonzentration aufgetragen. Nach dem Preisstand von 1969 betragen sie für eine Anlage mit einem Tagesdurchsatz von 1000 m³ und einem Phenolgehalt von 500 mg/l z. B. 630 000 DM. Beim gleichen Durchsatz mit einer Phenolkonzentration von 1000 mg/l kostet die Anlage rd. 840 000 DM. Hierin sind enthalten die Baukosten für die Becken aus Beton und das Maschinenhaus, die Kosten für die Ausrüstung der Becken und die Maschinen einschl. der Wärmeaustauscher und Dosieranlagen, Montagekosten für die elektrische und maschinelle Installation sowie Kosten für Meß- und Regelgeräte. Diese Kosten beziehen sich jedoch lediglich auf den Bau und die Ausrüstung der 1. Reinigungsstufe, also ohne Nitrifizierung des im Abwasser enthaltenen Ammoniaks. Sofern eine Anlage zur Stickstoffumwandlung nachgeschaltet werden muß, würden sich die Investitionskosten für die angeführten Beispiele etwa verdoppeln.

11.2 Betriebskosten

Schwieriger als die Feststellung der Anlagekosten ist die Ermittlung der Betriebskosten, da vor allem der Energieaufwand und die Menge der benötigten Chemikalien sehr stark von der Abwasserbeschaffenheit abhängen. Vor der Aufstellung einer Wirtschaftlichkeitsberechnungen sind daher genaue Analysen des zu behandelnden Abwassers und Untersuchungen der besonderen örtlichen Bedingungen erforderlich. Darüber hinaus sind Versuche über die Abbaufähigkeit der im Abwasser enthaltenen Stoffe durchzuführen. Für ein durchschnittlich zusammengesetztes Kokereiabwasser kann man bei einstufiger Behandlung etwa die im unteren Teil der Abb. 20 angegebenen Betriebskosten annehmen. Demnach kostet die Reinigung eines m³ Abtreiberabwassers, wiederum ohne Ammoniakabbau, bei einem Phenolgehalt von 500 mg/l etwa 0,42 DM, bei einem Phenolgehalt von 1000 mg/l etwa 0,62 DM. Die Grundwerte für die Berechnung der Betriebskosten sind in Tafel 30 zusammengestellt. Für einen Durchsatz von 1000 m³/d mit 500 mg/l Phenolen, die zu 97% abgebaut werden und mit 100 mg/l Rhodaniden, die um 97% vermindert werden, beträgt der Jahresaufwand für diese erste Reinigungsstufe rd. 175 000 DM. Hiervon entfallen auf

Kapitalkosten	= 35%
Unterhaltung	= 8%
Energiekosten	= 30%
Chemikalien	= 8%
Personalkosten	= 19%

Will man nun in einer nachgeschalteten Reinigungsstufe das Ammoniak weitgehend nitrifizieren, so würden die Betriebskosten für das genannte Beispiel auf 1,92 DM/m³ Abwasser ansteigen und Jahreskosten in Höhe von 700 000 DM verursachen. Diese verteilen sich anteilmäßig auf

Kapitalkosten	= 16%
Unterhaltung	= 3%
Energiekosten	= 44%
Chemikalien	= 31%
Personalkosten	= 6%

Man erkennt daraus, daß insbesondere die Kosten für Betriebsmittel, also elektrische Energie und Chemikalien, eine wesentliche Erhöhung erfahren. Vermindert man die Kosten der mehrstufigen Behandlung um die Kosten für den Abbau von Phenolen und Rhodaniden, so belaufen sich die Kosten für die Entfernung und Umwandlung von 1 kg Ammoniakstickstoff auf etwa 1,60 DM. Für die evtl. erforderliche Entfernung des in Nitratform vorliegenden Stickstoffes würden weitere zusätzliche Kosten entstehen. Die genannten Kosten sind auch nach den Untersuchungen von BRINGMANN und KÜHN [44] als Mindestkosten für die biologische Entphenolung, Nitrifikation und Denitrifikation von Kokereiabwasser anzusehen.

Verständlicherweise wird man bei so hohen Investitions- und Betriebskosten die Nachschaltung einer Reinigungsstufe zur Oxydation des Ammoniaks nur dort vornehmen, wo es die Vorflutverhältnisse oder eine nachfolgende Nutzung des gereinigten Abwassers unbedingt erforderlich machen.

12. Wiederverwendung des gereinigten Wassers

Bei den sehr hohen Aufwendungen für die biologische Aufbereitung von Kokereiabwassern war es naheliegend, daß man nach Möglichkeiten suchte, um das gereinigte Wasser im Betrieb als Brauchwasser wieder einzusetzen. Voraussetzung hierfür ist aber eine entsprechende Wasserbeschaffenheit, die dem Verfahren, den Einrichtungen und der Umgebung nicht schadet. Sind zusätzliche Aufwendungen erforderlich, um das gereinigte Abwasser im Betrieb einsetzen zu können, so wird eine Gegenüberstellung der Kosten für die zusätzliche Aufbereitung einerseits und für den Einsatz von Frischwasser andererseits im allgemeinen sehr schnell zu einer Entscheidung führen. Dabei ist allerdings auch zu berücksichtigen, daß bei einer Wiederverwendung des Abwassers die abgeleitete Abwassermenge stark vermindert werden kann, wodurch sich sowohl die Abgaben an die öffentliche Hand für Abwasserableitung und Abwasserreinigung als auch das Risiko eventueller Schäden im Vorfluter erheblich verringern.

Kampschulte [45] gibt für die zulässige Beschaffenheit verschiedener Wasserarten im Bergbau folgende Werte an:

		Bade-wasser	Spül- und Spritzwasser	Kohle-waschwasser	Koks-löschwasser
Salze (Cl)	mg/l	100–200	30 000–35 000	1 000–2 500	10 000–15 000
Sulfat (SO_4)	mg/l	200–300	1 500– 2 000	800–1 000	1 000– 1 200
Karbonathärte	°DH	6– 8	20– 30	14– 16	20– 30
Nichtkarbonathärte	°DH	10– 12	300– 400	80– 150	200– 250

Vergleicht man hiermit die in Tafel 28 zusammengestellten Analysenbefunde des biologisch gereinigten Abwassers aus den Versuchen, so könnte man annehmen, daß bis auf das Badewasser eine Wiederverwendung im Kokerei- oder Zechenbetrieb zu den genannten Zwecken möglich wäre. Da das gereinigte Wasser jedoch noch mit Geruchsstoffen behaftet ist, die beim Bedienungspersonal unangenehme Belästigungen hervorrufen, wird seine Wiederverwendung auf bestimmte Fälle beschränkt bleiben.

12.1 Verwendung als Kokslöschwasser

An verschiedenen Stellen ist das Abwasser von Kokereien, insbesondere das Ammoniakabwasser, zum Kokslöschen verwendet worden [46 und 47]. Hierbei müssen gewisse Vorsichtsmaßnahmen getroffen werden, um eine Qualitätsminderung des Koksesund eine Belästigung des Personals zu vermeiden.

Die Bergbau AG »Neue Hoffnung« hat auf ihren Kokereien Jacobi und Osterfeld ein einstufiges und ein zweistufiges Verfahren zum Kokslöschen mit Ammoniakabwasser untersucht. Die zusätzlichen Einrichtungen beim einstufigen Verfahren sind auf Abb. 24 rechts vom Kokslöschturm (KL) eingezeichnet. Das gereinigte Ammoniakabwasser wird in einem Stapelbehälter (SB) aufgefangen, mit einer Pumpe in einen Hochbehälter (HB) gefördert und von dort dem Kokslöschkreislauf zugeführt. Um dem Betriebspersonal Geruchsbelästigungen zu ersparen, ist ein kleines Gebläse (G) aufgestellt, das über gelochte Rohre einen aufsteigenden Luftschleier zwischen dem Kokslöschturm und dem Bedienungspersonal erzeugt.

Beim Löschprozeß gehen im Durchschnitt 0,45 m^3 Wasser je Tonne Koks durch Verdunstung verloren. Da beim halbdirekten Ammoniakgewinnungsverfahren etwa 0,27 m^3 Abtreiberabwasser je Tonne Koks anfallen, brauchen nur noch 0,18 m^3 Frischwasser ergänzt zu werden. Beim indirekten Ammoniakgewinnungsverfahren dagegen kann der Gesamtlöschwasserverlust durch Abwasser gedeckt werden. Die entsprechenden Mengenangaben sind in Abb. 24 in Klammern eingesetzt. Dieses einstufige Löschverfahren hat den Nachteil, daß ein Teil der schädlichen Stoffe vom Koks aufgenommen wird. Besonders dann, wenn das Abwasser nicht vom Ammoniak befreit wurde, setzt der Alkaligehalt der oberflächlichen Koksasche nach einiger Zeit das Ammoniak in Freiheit. So können durch den Koks Geruchsbelästigungen beim Händler bzw. beim Verbraucher auftreten.

Um die Qualitätsminderung des Koksesweitgehend zu vermeiden, wurde schließlich ein zweistufiges Löschverfahren entwickelt, bei dem das gereinigte Abwasser zum Vorlöschen auf den glühenden Koks gebracht und somit restlos verdampft wird. Die zusätzlichen Einrichtungen und die Wassermengenströme für das halbdirekte und in-

direkte Ammoniakgewinnungsverfahren sind im Fließschema in Abb. 25 dargestellt. Auch hierbei ist ein Stapelbehälter für das Ammoniakabwasser notwendig, um die Schwankungen im Anfall und im Verbrauch auszugleichen. Über einen getrennten Hochbehälter erfolgt die Teilablöschung mit Abwasser so, daß über eine kleine Düse nur die Mitte des Kokslöschwagens berieselt wird und die erkalteten Randzonen nicht mit dem Gaswasser in Berührung kommen. Nach der Ablöschung mit Abwasser wird eine Pause von ca. 1 bis 2 Minuten eingelegt, damit die evtl. aufgenommenen Stoffe, wie Schwefel-, Ammoniak- und Cyanverbindungen, durch die verbleibende Temperatur im Koks (über 500°C) verbrannt bzw. zerstört werden. Erst dann folgt die Restablöschung mit Frischwasser. Da beim Löschen mit Abwasser geringe Mengen vom Löschwagen ablaufen, bedingt das Verfahren zwei vollständig getrennte Kreisläufe mit zwei getrennten Löschwasserklärbecken.
Die Begleiterscheinungen hinsichtlich Geruchsbildung und Ablagerungen auf dem Koks lassen sich stark vermindern, wenn das Abwasser weitgehend vorgereinigt ist. Dies trifft allerdings für die Aggressivität dieses Abwassers nur in begrenztem Unfange zu, da der hohe Chloridgehalt sich nachteilig auf alle Metallteile auswirkt, mit denen das Abwasser in Berührung kommt. Dem Korrosionsproblem kann jedoch durch Auswahl geeigneter Materialien begegnet werden.

12.2 Verwendung als Kühl- oder Brauchwasser

Im Kokereibetrieb wird bei der Gaskondensation zur Gewinnung der Kohlenwertstoffe ein großer Kühlwasserstrom benötigt, dessen Verluste ständig durch Frischwasserzusatz ergänzt werden müssen. Man rechnet für den spezifischen Wasserverbrauch mit 1,6–2,2 m^3/t Koks, bei moderneren Kühlwassersystemen immerhin noch mit 1,0 bis 1,5 m^3/t Koks [48]. Das Kühlwasser wird im allgemeinen über Kühltürme zur Rückkühlung im Kreislauf geführt. Verständlicherweise versucht man immer wieder, die Verdunstungsverluste durch Betriebsabwasser nach entsprechender Vorbehandlung zu ergänzen.
Die Anforderungen an die Zusammensetzung des Kühlwassers hängen wesentlich von den Wandungstemperaturen ab, denen das Kühlwasser ausgesetzt ist. Bereits bei einer Temperatur von 40°C tritt bei Karbonathärten über 8° DH Kalk- bzw. Steinablagerung ein. Die Nichtkarbonathärte kann dagegen bei niedrigen Wandungstemperaturen in viel größerer Konzentration vorliegen, ohne daß Abscheidungen zu befürchten wären. Die Kühlwasseraufbereitung muß sich somit in erster Linie auf die Behandlung der Karbonathärte erstrecken. Andererseits tritt in den Kühlkreisläufen mit offenen Kühlsystemen, begünstigt durch die großen Oberflächen, die reichliche Sauerstoffzufuhr und die Temperaturen, eine biologische Oxydation von Reststoffen ein.
Es fehlt nicht an Vorschlägen, das biologische Reinigungsvermögen von Kühlwasserkreisläufen für die Nachreinigung von Abwasser zu benutzen und damit gleichzeitig die Kühlwasserverluste auszugleichen. Nach Versuchen von Otto [49] im Kombinat Böhlen (1000 m^3/h Kühlwasser) wurden die organischen Stoffe von Schwelereiabwasser bis zu 75% abgebaut, wenn diese im Verhältnis von 1 : 1000 dem Kühlwasser zugesetzt werden. Hierbei betrug die Belastung des Kühlwassers 0,6 kg $BSB_5/m^3 \cdot d$. Die Phenole des Schwelwassers verdrängten die festsitzenden Fadenbakterien, an deren Stelle einzellige, freischwimmende Bakterien traten. Die Geruchsbelästigung war geringfügig, Korrosionen traten nicht auf, jedoch wurde vermehrte Schlammbildung im Kühlturm festgestellt.
Neuerdings wird die Wiederverwendung von salzarmen, biologisch gereinigtem Abwasser und Regenwasser als Ergänzungswasser für Kühlkreisläufe bei verschiedenen

Erdölraffinerien und petrochemischen Betrieben in Süddeutschland im Großmaßstab praktiziert [50]. Das organisch verunreinigte Abwasser dieser Betriebe wird einer mehrstufigen biologischen Behandlung unterzogen, in einer nachgeschalteten Fällungsanlage entkarbonisiert und als Ergänzungswasser in den Kühlkreislauf eingespeist. So können z. B. an einer Stelle bei einem Gesamtbedarf des Kühlkreislaufsystems von 140 m^3/h je nach Betriebsverhältnissen bis zu 67% durch gereinigtes Abwasser und Regenwasser gedeckt werden. Um ein übermäßiges Wachstum an Algen und Bakterien im Kühlsystem zu vermeiden, wird dem Ablauf der Fällungsstufe Chlor in einer Menge von 5 mg/l zugesetzt. In unregelmäßigen Zeitabständen wird nach Bedarf zusätzlich eine Schockchlorung vorgenommen. Zur Verminderung des Schlammanfalles in den mit Abwasser beschickten Kühlkreisläufen wurden Teilstromfilter eingebaut, in denen 2–5% der gesamten Umwälzwassermenge in Kiesfiltern von suspendierten Stoffen befreit werden. An den Stellen wo das gesamte anfallende Prozeßabwasser dem Kühlkreislauf zugeführt wird, fällt nur noch Abschlämmwasser aus dem Kühlkreislauf und Absalzwasser aus den Ionenaustauschern und der Kesselspeisewasseraufbereitung an.
Diese Beispiele mögen darauf hinweisen, daß die heutigen verfahrenstechnischen Entwicklungen durchaus Wege aufzeigen, wie das anfallende Abwasser nach entsprechender Behandlung im Betrieb als Brauchwasser wieder einzusetzen ist. Damit würden durch eine biologische Behandlung mit anschließender Wiederverwendung des Abwassers gleichzeitig Frischwasserbedarf und Abwasseranfall vermindert werden können. Die Frage der Wirtschaftlichkeit wäre von Fall zu Fall zu untersuchen.

Zusammenfassung

Das Abwasser der Kokereien und der Anlagen zur Kohlenwertstoffgewinnung zählt zu den unangenehmsten industriellen Abgängen. Unter der Vielzahl seiner Inhaltsstoffe sind einige Verbindungen, die sich äußerst schädlich auf Flora und Fauna der Vorfluter auswirken. Auch bei großer Verdünnung beeinträchtigen sie noch die Nutzung der Gewässer für Brauch- und Trinkwasserzwecke. Seit langem bemüht man sich daher, diese Schadstoffe aus dem Kokereiabwasser zu entfernen, wobei zunächst aus Gründen der Wirtschaftlichkeit den Gewinnungsverfahren der Vorzug gegeben wurde.
Nachdem die Synthese von Phenolen und anderen Kohlenwasserstoffen die Rentabilität einer Wertstoffgewinnung aus dem Abwasser in Frage stellte, wandte sich die Entwicklung mehr den Verfahren zur Vernichtung der schädlichen Abwasserbestandteile zu. Dabei hat mit fortschreitender Technik die biologische Abwasseraufbereitung zunehmende Bedeutung erlangt. So wurden mehrstufige Verfahren entwickelt, mit denen es möglich ist, außer Phenolen in nacheinanderfolgenden Verfahrensschritten auch Rhodanide und Cyanide zu entfernen und schließlich in einer letzten Stufe den Ammoniakstickstoff zu nitrifizieren.
Angeregt durch diese Erkenntnisse sind auf einer Kokerei des Ruhrgebietes mit einer Versuchsanlage im halbtechnischen Maßstab umfangreiche Versuche über die mehrstufige biologische Behandlung von Kokereiabwasser durchgeführt worden. Die Untersuchungen wurden mit Abtreiberabwasser und Gesamtabwasser der Kokerei vorgenommen. Dabei war eine Neutralisation der schwankenden pH-Werte im Rohwasser, ein Temperaturausgleich über Wärmeaustauscher und eine Zugabe von Nährsalzen erforderlich, um den Mikroorganismen optimale Lebensbedingungen zu schaffen.

Jede Organismenart braucht ihr eigenes Milieu, d. h. einen bestimmten Temperatur- und pH-Bereich, ausreichende Nährstoff- und Sauerstoffversorgung und die Voraussetzung, daß bestimmte Begleitstoffe des Abwassers einen Toleranzwert nicht überschreiten. Das bedingt einen schrittweisen Abbau einzelner Stoffe in getrennten Verfahrensstufen mit eigenen Schlammkreisläufen.

Es konnte festgestellt werden, daß phenol- und rhodanidabbauende Bakterien in einer Stufe nebeneinander existieren können. Bei der gegebenen Zusammensetzung des untersuchten Kokereiabwassers traten die optimalen Reinigungsleistungen bei Beschickung bis etwa 3,5 m^3 Abwasser je m^3 Becken und Tag auf. Die günstigsten Phenol-Abbauwerte ließen sich bei einer Raumbelastung von etwa 1 kg Phenol/m^3 Becken und Tag erzielen. Dabei dürfen im Rohwasser nicht mehr als 1700 mg/l Ammoniak und nicht mehr als 250 mg/l Rhodanide enthalten sein. Andernfalls muß das Rohwasser verdünnt werden, wozu sich Kühlwasser oder der Rücklauf des biologisch gereinigten Abwassers eignen. Eine zweistufige Behandlung brachte im Phenolabbau keine bedeutenden Vorteile.

Rhodanidgehalte bis zu 200 mg/l konnten nahezu restlos abgebaut werden. Auch höhere Konzentrationen bis 400 mg/l ließen sich zu 90% oxydieren, wenn genügend Sauerstoff zugeführt wird und die Phenole gleichzeitig bis auf Restgehalte unter 25 mg/l abgebaut werden. Die Raumbelastung soll 0,1–0,2 kg Rhodanide/m^3 betragen.

Bei Cyaniden konnten Zulaufkonzentrationen bis zu 20 mg/l in der 1. Behandlungsstufe auf weniger als 1 mg/l vermindert werden. Höhere Konzentrationen bis 120 mg/l verursachten im Ablauf der 1. Stufe Restgehalte bis 3 mg/l, die jedoch in der nachgeschalteten Tropfkörperstufe auf weniger als 1 mg/l vermindert wurden.

Die Umwandlung des Ammoniakstickstoffs in einer Nitrifizierungsstufe ließ sich nur im Labormaßstab ausführen, da in der großen Versuchsanlage die technischen Voraussetzungen nicht ausreichten. Eine Bedingung für die Nitrifizierung ist der vorherige Abbau von Phenolen auf weniger als 50 mg/l, von Rhodaniden und Cyaniden auf weniger als 10 mg/l. Außerdem sind dem Abwasser für die Nitrifizierung von 1 kg Ammoniak etwa 4 kg Calciumkarbonat und 3,4 kg gelöster Sauerstoff zuzuführen. Die Eingangskonzentration soll weniger als 1500 mg NH_3/l betragen. Unter diesen Bedingungen ließ sich der Ammoniakstickstoff auf Restgehalte unter 10 mg/l vermindern. Gleichzeitig erhöhte sich jedoch der Nitratgehalt bis auf maximal 1800 mg/l.

Der Sauerstoffbedarf bei der biologischen Behandlung eines Kokereiabwassers ist im Vergleich zu häuslichem Abwasser relativ hoch, insbesondere wenn eine Stickstoffumwandlung vorgenommen wird. Daraus resultieren hohe Energiekosten für die Sauerstoffversorgung, zu denen noch die Aufwendungen für Chemikalien zur Neutralisation und Nährstoffversorgung kommen. Auch die Investitionskosten liegen wesentlich höher als bei konventionellen Anlagen zur Reinigung häuslichen Abwassers. Für einen Abwasserdurchsatz von 1000 m^3/d mit einem Phenolgehalt von 500 mg/l wurden Gesamtkosten in Höhe von rd. 0,50 DM je m^3 Abwasser bei einstufiger Behandlung und von rd. 1,90 DM/m^3 mit nachgeschalteter Nitrifizierungsstufe ermittelt.

Eine Wiederverwendung des gereinigten Abwassers im Kokereibetrieb ist nur in beschränktem Umfang möglich. Hier bietet sich die Verwendung als Kokslöschwasser an. Dabei ist einem zweistufigen Löschvorgang, Vorlöschen mit Abwasser, Nachlöschen mit Frischwasser, der Vorzug zu geben, da damit eine Qualitätsminderung des Kokses weitgehend vermieden wird. Die Verwendung des gereinigten Abwassers als Ergänzung der Verluste im Kühlwasserkreislauf bereitet wegen des hohen Salzgehaltes Schwierigkeiten. Die praktischen Erfahrungen der Erdölindustrie bei der Verwendung von gereinigtem Abwasser im Kühlkreislauf ermutigen jedoch zu weiteren Untersuchungen in dieser Hinsicht.

Anmerkung

Die Forschungsarbeiten wurden vom Land Nordrhein-Westfalen durch die Gewährung von Sach- und Personalmitteln mit großer Geduld in dankenswerter Weise gefördert. Auch der Hoesch Bergbau AG, Essen, und dem Deutschen Benzolverband, Bochum, sowie den Firmen Simon Carves Ltd., Stockport, Didier-Werke AG, Essen, und Dr. C. Otto & Co., Bochum, gebührt Dank für die tatkräftige Unterstützung bei den Untersuchungen. Nicht zuletzt sei den Herren Tofaute, Klimek und Gönning gedankt, die sich bei der Durchführung der Versuche mit Interesse und Ausdauer eingesetzt haben.

Literaturverzeichnis

[1] Fachverband Kohlechemie e. V., Wichtige Zahlen, Teil I: Inland, 20. Jahrgang 1968, Eigenverlag, Essen.

[2] Becker–Boost, E. H., Die Verarbeitung von Ammoniakwasser. Monatsbulletin des Schweizerischen Vereins von Gas- und Wasserfachmännern 36 (1956), S. 282; 37 (1957), S. 1 und 27.

[3] Bischofsberger, W., und K. Gräwe, Anfall von Cyaniden in Kokereiwässern und deren Beseitigung. Technisch-Wissenschaftliche Mitteilungen der Emschergenossenschaft, Heft 2, Januar 1960, S. 2.

[4] Dierichs, A., und R. Kubicka, Phenole und Basen. Akademie-Verlag, Berlin 1958.

[5] Noack, W., Ergebnisse von Untersuchungen für die biologische Reinigung von Kokereiabwasser nach dem Belebungsverfahren. Wasser, Luft und Betrieb 5 (1961), H. 8, S. 319.

[6] Viehl, K., Die Verunreinigung der Flüsse durch Phenolabwässer. Gas- und Wasserfach 96 (1955), H. 4, S. 105.

[7] Becher, W., Reinigung und Beseitigung von Schwelwasser. Gas- und Wasserfach 85 (1942), S. 459.

[8] Meissner, B., Zusammensetzung der Starkwässer der Schwelereien, Gas- und Hydrierwerke. Wasserwirtschaft–Wassertechnik 4 (1954), S. 218.

[9] Bandt, H.-J., Phenolabwässer und Abwasserphenole, ihre Entstehung, Schadwirkung und abwassertechnische Behandlung. Akademie-Verlag, Berlin 1958.

[10] Bucksteeg, W., Erschwernisse der Trink- und Brauchwassergewinnung aus Oberflächenwasser durch Abwassereinleitungen. Wasser und Boden 18 (1966), S. 261.

[11] Liebmann, H., Handbuch der Frischwasser- und Abwasserbiologie, Band II. Verlag R. Oldenbourg, München (1960).

[12] Burttschell, R. H., und andere, Chlorine Derivatives of Phenol Causing Taste and Odor. Journ. Am. Water Works Association 51 (1959), Nr. 2, S. 205.

[13] Dewes, E., Ein Beitrag zur biologischen Reinigung von Kokereiabwässern gemeinsam mit häuslichen Abwässern. Industrieabwässer, Mai 1962, S. 33.

[14] Fowler, G. J., The Separation of Solids from Liquid with Special Reference to Sewage Purification, Journ. Soc. Chem. Ind. (1911), S. 174.

[15] Bach, H., Das Kokereinebenproduktenabwasser im Emschergebiete und Versuche zu seiner Reinigung. Mitteilungen der Emschergenossenschaft 1919/20.

[16] Helbing und H. Bach, Das Abwasser der Kokereinebenproduktanlagen im Emschergebiete. Mitteilungen der Emschergenossenschaft, Februar 1925.

[17] Bach, H., Über die Reinigungsmöglichkeit der Abwässer aus Nebenproduktenanlagen der Kokereien und Gaswerke. Gas- und Wasserfach (1926), H. 42, 43, 44.

[18] Fries, F., Zweistufige Tauchkörper für phenolhaltiges städtisches Abwasser in Hattingen. Techn. Gemeindeblatt 33 (1930), H. 16 und 17.

[19] Imhoff, K., Flußverunreinigung durch das Abwasser der Nebenproduktenanlagen von Kokereien. Glückauf 62 (1926), 3. April.

[20] Wiegmann, H., Zehn Jahre Phenolgewinnung aus dem Gaswasser der Kokereien im Rheinisch-Westfälischen Industriegebiet. Glückauf 75 (1939), H. 51, S. 965.

[21] Wiegmann, H., Fünfundzwanzig Jahre Phenolgewinnung aus dem Gaswasser der Kokereien im Rheinisch-Westfälischen Industriegebiet. Glückauf 90 (1954), H. 29/30, S. 780.

[22] Wurm, H. J., Entphenolung mit rotierenden Podbielniak-Extraktoren. Industrieabwässer, Mai 1962.

[23] Jauernick, R., Neuere Entwicklungen beim Phenosolvanverfahren. Erdöl und Kohle 13 (1960), S. 252.

[24] Bischofsberger, W., und H. J. Wurm, Über die Wirtschaftlichkeit verschiedener Entphenolungsverfahren. Industrieabwässer, April 1960.

[25] Abson, J. W., und K. H. Todhunter, The Biological Treatment of Carbonization Effluents. The Industrial Chemist, Juni 1958.

[26] Abson, J. W., und K. H. Todhunter, Factors Affecting the Biological Treatment of Carbonization Effluents. The Gas World, April 1959.

[27] Abson, J. W., und K. H. Todhunter, The Biological Treatment of Industrial Wastes. 1. Effl. and Water Treatm. Conf. 18.–21. 10. 1960.

[28] Abson, J. W., Operating Notes for Biological Oxidation Plants Treating Phenols in Carbonisation Effluents. Bericht I/1960 der Simon-Carves Ltd., Stockport.

[29] Schertz, G., und R. Schweisfurth, Halbtechnische Versuche über die biologische Reinigung von Kokereiabwässern nach dem Nocardia-Verfahren. Gesundheits-Ingenieur 84 (1963), H. 5, S. 145.

[30] Bringmann, G., und W. Schröder, Großtechnische biologische Entphenolung der Abwässer eines Kunstharzbetriebes nach dem Nocardia-Verfahren. Gesundheits-Ingenieur 81 (1960), H. 7, S. 205.

[31] Kober, W., Entwicklung, Bau- und Betriebsweise des Lübecker Beckens. Verein Deutscher Eisenhüttenleute, Vortrag v. 29. 6. 1962.

[32] Richter, H., Die biologische Abwasser-Reinigungsanlage der Großkokerei Lauchhammer. Wasserwirtschaft, Wassertechnik 11 (1961), H. 4, S. 152, und H. 9, S. 446.

[33] Adema, D., und R. Tietema, Die biologische Reinigung von Kokereiabwasser mit stark schwankender Verschmutzung nach dem Belebungsverfahren. Das Gas- und Wasserfach 103 (1962), H. 24, S. 617.

[34] Jones, G. L., und J. M. Millar, Biological Treatment of Coke Oven Waste Liquor. Effluent and Water Treatment Journal (July 1963), S. 384.

[35] Biczysko, J., Untersuchungen über die Behandlung von phenolhaltigem Abwasser in einem Oxydationsgraben. Gas- und Wasserfach 108 (1967), H. 12, S. 315.

[36] Lautenbach, E., W. Schönborn und H. Beyer, Untersuchungen über die Lebensbedingungen der Organismen im Tropfkörper und Belebungsbecken, die zum spezifischen Abbau von chemischen Stoffen in industriellen Abwässern befähigt sind. Schriftenreihe des Deutschen Arbeitskreises Wasserforschung e. V. (1966), H. 13.

[37] Bucksteeg, W., Zur Frage des mikrobiellen Abbaues von Cyaniden in Abwässern. Schweizerische Zeitschrift für Hydrologie, Vol. XXII (1960), S. 407.

[38] Böhnke, B., Untersuchungen über die Behandlung von cyanhaltigen Abwässern auf Tropfkörper. Forschungsberichte des Landes Nordrhein-Westfalen (1966), Nr. 1732.

[39] Wurm, H. J., und K. Gräwe, Die Behandlung stickstoffhaltiger Abwässer unter besonderer Berücksichtigung der ammoniakhaltigen Abwässer der kohleveredelnden Industrie. Wasser, Luft und Betrieb 10 (1966), S. 381.

[40] Abwassertechnische Vereinigung, Lehr- und Handbuch der Abwassertechnik Band II, Verlag Wilhelm Ernst u. Sohn, Berlin–München 1969.

[41] Knop, E., W. Bischofsberger und V. Stalmann, Versuche mit verschiedenen Belüftungssystemen im technischen Maßstab, Teil 1 und 2. Vulkan-Verlag Dr. W. Classen, Essen.

[42] Abson, J. W., und K. H. Todhunter, Plant for Continous Biological Treatment of Carbonisation Effluents. Sonderdruck der Simon-Carves Ltd., Stockport.

[43] Clough, G. F. G., Biological Oxydation of Phenolic Waste Liquor. Chemical & Process Engineering, Januar 1961.

[44] Bringmann, G., und R. Kühn, Biologische Entphenolung, Nitrifikation und Denitrifikation von sulfidreichem Kokereiabwasser (Gaswasser). Gesundheits-Ingenieur 86 (1965), S. 276.

[45] Kampschulte, R. M., Untersuchungen über die Möglichkeit der Wasserwirtschaft der Steinkohlenbergwerke. Dissertation Aachen (1956), Bergbau-Archiv.

[46] Deutscher Verein v. Gas- u. Wasserfachmännern e.V., Beseitigung von Abwässern in Gaswerken. Eigenverlag, Frankfurt (Mai 1957).

[47] Black, H. H., und andere, Industrial Waste Guide-By Product Coke. 11. Industrieabwasser-Konferenz, Purdue University in Lafayette, Indiana, USA (Mai 1956).

[48] Oldengott, B., Kühlwasserwirtschaft einer Kokerei. Gas- und Wasserfach 101 (1960), H. 15, S. 357.

[49] Otto, W., Über den biologischen Abbau von Schwelereiabwässern in Kühlwasserkreisläufen. Freiberger Forschungshefte A 220 (1962), S. 29.

[50] Huber, L., Erfahrungen bei der Abwasserbeseitigung in vier neuen Erdölraffinerien. Zeitschrift für Wasser- und Abwasserforschung 5 (1968), S. 180.

Anhang

a) Tabellen

Tafel 1 Phenolerzeugung verschiedener Länder (in 1000 t)

Jahr	USA aus Teer	USA synth.	England aus Teer	Frankreich aus Teer	Frankreich synth.	Italien aus Teer	Italien synth.	Bundesrepublik aus Teer	Bundesrepublik synth.
1946	9,1	38	9,7	0,6	3,9		1,1	1,6	
1947	10,7	111	9,2	0,6	6,9		3,0	1,6	
1948	10,4	124	10,1	0,7	7,7		1,2	2,4	
1949	7,3	94	9,2	1,0	7,9	1,0	1,3	1,7	
1950	9,1	132	11,7	1,6	7,8	1,7	2,5	6,3	
1951	10,8	165	11,3	1,6	13,9	2,0	4,0	5,4	
1952	9,7	143	10,9	1,3	14,5	2,1	4,7	5,7	
1953	11,6	161	11,5	2,1	12,0	2,3	5,0	8,3	
1954	9,4	180	13,0	1,8	18,2	2,2	6,2	8,8	
1955	17,2	215	13,6	2,2	25,6	2,3	6,8	10,6	24,0
1956	15,7	231	13,8	2,2	27,3	2,3	7,0	10,8	30,6
1957	15,3	233	15,1	3,2	30,1	2,3	7,7	12,4	37,8
1958	16,7	210	18,9	3,4	32,3	1,6	10,1	13,1	46,5
1959	14,6	296	18,5	3,2	40,4	2,2	12,0	15,3	60,2
1960	13,8	331	18,8	4,1	53,6	2,4	16,0	15,9	89,1
1961	16,0	332	20,9	4,0	67,8	1,9	31,8	14,9	89,1
1962	17,9	351	16,6	4,0	72,1	2,2	51,6	17,1	91,4
1963	17,1	401	16,9	3,7	83,0	2,0	69,8	18,2	109,0
1964	16,2	482	19,7	3,7	89,0	1,8	93,1	17,9	132,4
1965	18,6	532	18,7	3,1	93,7	2,1	95,7	24,5	141,1
1966	18,1	585	18,5	3,8	93,3	117,4		22,2	160,8
1967			18,6	3,4	98,3	134,1		16,8	147,8

Tafel 2 Bestandteile von Ammoniakwasser (nach BECKER-BOOST [2])

Flüchtige NH_3-*Verbindungen*	
Ammoniumhydroxyd	NH_4OH (frei)
Ammoniumkarbonat	$(NH_4)_2CO_3$
Ammoniumhydrogenkarbonat	NH_4HCO_3
Ammoniumsulfid	$(NH_4)_2S$
Ammoniumhydrogensulfid	NH_4HS
Ammoniumcyanid	NH_4CN
Fixe NH_3-*Verbindungen*	
Ammoniumchlorid	NH_4Cl
Ammonium-eisen(II)-cyanid	$(NH_4)_4(Fe(CN)_6)$
Ammoniumthiosulfat	$(NH_4)_2S_2O_3$
Ammoniumsulfit	$(NH_4)_2SO_3$
Ammoniumsulfat	$(NH_4)_2SO_4$
Ammoniumrhodanid	NH_4CNS
Anorganische Fremdstoffe	
Kalzium	als Salze von Mineralsäuren
Magnesium	als Salze von Mineralsäuren
Natrium	als Salze von Mineralsäuren
Germanium	als Salze von Mineralsäuren
Gallium u. a.	als Salze von Mineralsäuren
Gelöste organische Verbindungen	
Carbonsäurederivate	
Phenole	
Pyridinbasen	
Dispergierte organische Stoffe	
Teerbestandteile	
Ölige Stoffe	
Benzol und Homologe	
Naphthalin	

Tafel 3 Zusammensetzung von Kokereiabwasser

Bestandteile	Kondensate* mg/l	Ammoniakwasser* mg/l	Abtreiberabwasser** mg/l
NH_3 (ges.)	6 000–8 000	8 500–15 000	20–4 500
NH_3 (frei)	2 000–6 000	8 000–12 000	20–1 000
CO_2	3 900–2 400	3 000–14 000	
H_2S	300– 900	1 000– 5 000	2– 50
HCN	55	200– 2 000	0– 20
HCNS	50	700– 1 200	0– 800
Phenole	700–3 200	2 000– 3 000	50–2 500
Pyridinbasen	200– 500	100– 200	
geb. Salze		3 400– 5 600	20– 600
pH-Wert	8,0– 9,0	9,0– 9,5	5,0– 11,5

* Nach Angaben von BECKER–BOOST [2].

** Nach Untersuchungen der Emschergenossenschaft [3].

Tafel 4 *Abwasserbeschaffenheit verschiedener Kokereiabläufe im Ruhrgebiet* (Mittelwerte von 24-h-Untersuchungen)

Verfahren		indirekt				indirekt		halbdirekt		halbdirekt	
Gewinnung des geb. Ammoniaks		ohne				mit		ohne		mit	
Abwasserart		Gesamtabwasser		Abtreiberabwasser		Abtreiberabwasser		Abtreiberabwasser		Abtreiberabwasser	
Entphenolungsanlage		mit	ohne	mit	ohne	mit	ohne	mit	ohne	mit	ohne
Wassertemperatur	°C	70	71	97	97	97	98	98	96	94	94
pH-Wert	–	6,8	6,5	5,8	6,1	10,2	9,9	8,2	8,8	11,5	11,4
Gesamt-Schwebestoffe	mg/l	40	75	20	40	685	605	30	50	2 730	6 120
Gelöste Stoffe	mg/l	4 420	3 350	4 440	4 420	7 370	7 500	10 650	10 250	11 000	11 000
BSB_5	mg/l	645	2 630	610	3 530	860	3 080	2 020	10 000	1 690	3 490
$KMnO_4$-Verbrauch	mg/l	2 420	7 420	2 730	8 540	2 720	7 310	5 870	24 650	7 060	10 700
Phenole (nach Kres)	mg/l	165	665	160	820	205	700	165	2 390	170	755
Gesamt-Ammoniak (NH_3)	mg/l	885	855	1 290	1 190	68	66	3 430	3 850	29	17
Freies Ammoniak (NH_3)	mg/l	30	20	13	15	64	53	445	875	29	17
Gesamt-Cyanid (CN)	mg/l	70	50	0,3	0,3	10,5	6,0	2,3	4,4	7,0	6,7
Rhodanid (CNS)	mg/l	185	130	210	155	145	160	405	405	795	795
Gesamt-Sulfide (S)	mg/l	12	5,5	1,1	1,3	4,2	3,7	1,8	3,3	7,0	6,0
Sulfate (SO_3)	mg/l	130	155	110	140	89	105	125	190	290	290
Gesamt-Schwefel (S)	mg/l	245	210	280	230	215	205	430	330	340	560
Gesamt-Kalk (CaO)	mg/l	30	35	10	10	3 080	3 040	5	5	6 590	9 150
Chloride (Cl)	mg/l	1 660	1 670	2 460	2 290	3 090	3 020	5 790	5 880	3 320	3 060

Tafel 5 Zusammensetzung von Braunkohlenschwelwasser des Werkes Böhlen [7]

Bestandteile	g/l
Karbolsäure	4,7
Kresol	2,6
Xylenol	1,2
Brenzcatechin	1,4
Resorcinderivate	1,2
Hydrochinonderivate	0,9
Phloroglucin	0,4
Unbekannte höhere Phenole	1,6
Pyridin	0,7
Flüchtige Fettsäuren	6,8–8,4

Tafel 6 Schädlichkeit verschiedener Bestandteile von Kokereiabwasser für Fische

Bestandteile	berechnet als	Schädlichkeitsgrenze mg/l	Tödlichkeitsgrenze mg/l
Ammoniak (frei)	NH_3	0,5	0,5–3
Ammoniumchlorid	NH_4Cl	400	
Ammoniumkarbonat	$(NH_4)_2CO_3$		100
Ammoniumhydrogenkarbonat	$(NH_4)HCO_3$		500
Ammoniumrhodanid	NH_4SCN	1 700	
Ammoniumsulfid	$(NH_4)_2S$	40	
Ammoniumsulfat	$(NH_4)_2SO_4$		500
Benzol	C_6H_6	2	5–20
Blausäure	HCN	0,05	0,1–0,3
Chlorcyan	CNCl	0,08	
Freies Chlor	Cl_2	0,05	0,1–0,3
Kaliumferricyanid	$K_3(Fe(CN)_6)$	1 700	
Kaliumferrocyanid	$K_4(Fe(CN)_6)$	1 700	
Kaliumrhodanid	KSCN	1 700	
Kalkhydrat	CaO	20	70–150
Freie Kohlensäure	CO_2		45–200
Naphthalin	$C_{10}H_8$	1,5	5–13
Natriumchlorid	NaCl		10 000
Natriumsulfid	S	0,5	1–13
Natriumsulfat	Na_2SO_4		5 000–10 000
Phenol	C_6H_5OH	3	5–13
Pyridin	C_5H_5N	100	
Schwefelwasserstoff	H_2S	0,5	1–5

Tafel 7 Theoretischer Sauerstoffbedarf bis zur Restoxydation

Bestandteile	Reaktion	g O_2 je g Produkt
Phenol	$C_6H_5OH + 7 \cdot O_2 \rightarrow 6\,CO_2 + 3\,H_2O$	2,3
Cyanid	$HCN + 2{,}5 \cdot O_2 \rightarrow CO_2 + HNO_3$	2,9
Rhodanid	$HCNS + 4 \cdot O_2 \rightarrow CO_2 + H_2SO_4 + HNO$	2,2
Ammoniak	$NH_3 + 2 \cdot O_2 \rightarrow HNO_3 + H_2O$	3,7
Pyridin	$C_5H_5N + 7{,}5 \cdot O_2 \rightarrow CO_2 + HNO_3 + H_2O$	3,0
Schwefelwasserstoff	$H_2S + 2 \cdot O_2 \rightarrow H_2SO_4$	1,9
Sulfit	$H_2SO_3 + 0{,}5 \cdot O_2 \rightarrow H_2SO_4$	0,2
Thiosulfat	$H_2S_2O_3 + 2 \cdot O_2 \rightarrow H_2SO_4$	0,6
Essigsäure	$CH_3COOH + 2 \cdot O_2 \rightarrow CO_2 + H_2O$	1,1

Tafel 8 Abwasserbeschaffenheit der Kokerei Emil der Hoesch AG (24stündige Untersuchungen)

Art der Untersuchung		Abtreiberabwasser						Gesamtabwasser					
		Entphenolungsanlage in Betrieb			außer Betrieb			Entphenolungsanlage in Betrieb			außer Betrieb		
		min.	mittel	max.	min.	mittel	max.	min.	mittel	max.	min.	mittel	max.
Wassertemperatur	°C	95	97	98	96	97	98	65	70	73	65	71	80
pH-Wert	–	5,2	5,8	6,3	5,8	6,1	6,3	6,1	6,8	8,1	6,0	6,5	7,1
Schwebestoffe, ges.	mg/l	14	19	25	21	38	69	14	38	46	35	74	112
gelöste Stoffe	mg/l	4333	4440	4607	4115	4420	4575	4115	4420	4575	3090	3350	3550
BSB_5	mg/l	506	610	724	3350	3530	3690	534	645	712	2190	2630	2920
$KMnO_4$-Verbrauch	mg/l	2511	2730	3045	7911	8540	9794	2103	2420	2731	5525	7420	9001
Phenole	mg/l	125	160	255	738	820	898	124	165	253	451	665	736
Ges. Ammon. (NH_3)	mg/l	1260	1290	1350	1090	1190	1270	690	885	1010	570	855	955
frei. Ammon. (NH_3)	mg/l	12	13	14	12	15	18	17	27	51	14	19	33
Ges. Cyan (CN)	mg/l	0,13	0,24	0,28	0,24	0,27	0,31	40,5	70	87,3	27,7	52	78
Rhodanid (CNS)	mg/l	185	210	230	145	155	165	150	185	210	105	130	145
frei. Schwefelwasserstoff (H_2S)	mg/l	–	Spuren	–	–	–	–	–	0,25	1,5	–	0,3	1,3
Ges. Sulfide (S)	mg/l	0,9	1,1	1,3	1,2	1,3	1,3	8,1	12,0	16,0	1,4	5,5	10,4
Sulfate (SO_3)	mg/l	101	110	119	128	141	141	122	130	134	146	155	165
Ges. Schwefel (S)	mg/l	256	280	294	208	229	238	221	245	254	203	210	222
Chloride (Cl)	mg/l	2400	2460	2550	2150	2290	2450	1400	1660	1750	1350	1670	1800
Ges. Kalk (CaO)	mg/l	–	<10	–	–	<10	–	28	31	39,3	22,4	34	53,3
Org. Stickstoff (N)	mg/l	nicht untersucht						84	115	134	14	78	133
Phosphate (P_2O_5)	mg/l	nicht untersucht						0,6	0,74	0,9	0,64	0,79	1,0
Kali (K_2O)	mg/l	nicht untersucht						2,8	3,4	4,3	0,1	0,53	1,3

Tafel 9 Untersuchungen im Zulauf zur Versuchsanlage (1. Januar–30. September 1959)

		Abtreiberabwasser			Gesamtabwasser		
		min.	mittel	max.	min.	mittel	max.
pH-Wert		5,3	6,7	7,7	< 2	6,7	9,0
$KMnO_4$-Verbr.	mg/l	2420	3870	7570	990	3290	5410
BSB_5	mg/l	300	580	1370	275	510	850
Phenole	mg/l	80	190	780	35	135	360
Ammoniak (ges.)	mg/l	920	1360	1660	275	860	1360
Ammoniak (frei)	mg/l	45	75	2540	50	90	310
Cyanid	mg/l	7	10	12	20	22	25
Chlorid	mg/l	2310	2360	2450	2240	2340	2410
Schwebestoffe ges.	mg/l	4	14	80	4	24	72
min.	mg/l	–	3,7	–	–	5	–
org.	mg/l	–	10,3	–	–	19	–

Tafel 10 Probenahmestellen für physikalisch-chemische Untersuchungen

Probenahmestelle		Zulauf 1. Stufe	Einlauf	Anfang	Mitte	Ende	Ablauf	Zulauf Tropfk.	Ablauf Tropfk.	Einlauf	Anfang	Mitte	Ende	Ablauf	Ablauf 3. Stufe
			Belebung I							Belebung II					
Bezeichnung		A	A_1	A_2	B	B_1	C	E	a	a_1	a_2	b	b_1	c	c
pH-Wert		×	×	×	×	×	×	×	×	×	×	×	×	×	×
Sauerstoffgehalt	mg/l	×	×	×	×	×	×	×	×	×	×	×	×	×	×
BSB_5 filtr.	mg/l	×						×	×						×
$KMnO_4$-Verbr.	mg/l	×						×	×						×
Phenole, ges.	mg/l	×					×	×	×					×	×
Rhodanid	mg/l	×					×	×	×					×	×
Cyanid	mg/l	×					×	×	×					×	×
NH_3, ges.	mg/l	×					×	×	×					×	×
Phosphat	mg/l							×							×
Chlorionen	mg/l	×						×	×						×
Gelöste Stoffe	mg/l	×						×	×						×
Schwebestoffe, ges.	mg/l	×						×	×						×
Absetzbare Stoffe	ml/l	×						×	×						×
Durchsicht	cm	×						×	×						×
Lichtdurchlässigkeit	%	×						×	×						×

Tafel 11 Optimale Temperatur- und pH-Bereiche für die Mikroorganismen zur biologischen Behandlung von Kokereiabwasser nach Abson [26]

Mikroorganismen		optimaler pH-Wert	möglicher pH-Bereich	mögliche Temperatur °C
Phenolabbauende Bakterien				
Vibrio cyclosites		7,5	7,0–8,0	30–35
Vibrio	O 1	7,5	7,0–8,0	30–33
Pseudomonas	S 1	7,0	6,5–7,5	25–30
Pseudomonas	S 12	7,0	6,5–7,5	25–35
Actinomices	S 2	7,5	7,0–8,0	25–30
Rhodanidabbauende Bakterien				
Thiobacillus thiocyanoxidans		7,0	6,8–7,6	27–33
Thiobacillus	S 3	7,0	6,5–7,5	25–30
Thiobacillus	S 4	7,0	6,5–7,5	25–30
Thiobacillus	S 8	6,8	5,5–7,8	25–30
Nitrifizierende Bakterien				
Nitrobacteraceae	S 6	6,8	6,5–7,0	25–30
Nitrobacteraceae	S 7	6,4	6,2–6,5	25–30
Nitrobacteraceae	S 8	7,2	7,0–7,5	23–26
Nitrobacteraceae	S 9	6,8	6,0–7,5	25–30
Nitrobacteraceae	S 10	6,5	6,0–7,0	25–28
Nitrobacteraceae	S 11	6,8	6,5–7,0	25–30

Tafel 12 Versuchsanlage Kokerei Emil
Mittelwerte der Untersuchungsergebnisse von Versuchsreihe A/1959

Versuch	Nr.	8.11	8.12	8.13	8.14	8.15	8.16	8.16
Abw. Beschickung	m^3/m^3 d	1,2	1,2	2,4	2,4	3,6	7,2	3,6
Belebungsanlage	Stufe	I	I	I	I	I	I	II
$KMnO_4$-Verbr.-Zul.	mg/l	3739	2991	3217	4069	3284	4499	2244
$KMnO_4$-Verbr.-Abl.	mg/l	2002	1361	1545	1542	1542	2244	1599
$KMnO_4$-Verbr.-Belast.	kg/m^3 d	4,5	3,6	7,7	9,7	11,8	32,4	8,1
$KMnO_4$-Verbr.-Abbau	kg/m^3 d	2,1	2,0	4,0	6,1	6,3	16,2	2,3
$KMnO_4$-Verbr.-Abbau	%	46,5	54,5	52,0	62,1	53,0	50,1	+14,4
Phenole, Zul.	mg/l	199	137	124	220	150	266	30
Phenole, Abl.	mg/l	27	12	8	9	11	30	6
Phenol-Belast.	kg/m^3 d	0,24	0,16	0,30	0,53	0,54	1,92	0,11
Phenol-Abbau	kg/m^3 d	0,21	0,15	0,28	0,51	0,50	1,70	0,09
Phenol-Abbau	%	86,4	91,0	93,3	96,0	93,0	88,6	+11,1
NH_3, ges., Zul.	mg/l	1397	1390	1325	1365	1185	1232	1216
NH_3, ges., Abl.	mg/l	1372	1330	1365	1360	1215	1216	1230
NH_3, frei, Zul.	mg/l	51					51	120
NH_3, frei, Abl.	mg/l	116					120	77
BSB_5, Zul.	mg/l	615	446	471	1035	460	450	255
BSB_5, Abl.	mg/l	226	124	197	222	185	255	162
BSB_5-Belast.	kg/m^3 d	0,74	0,53	1,13	2,48	1,66	3,24	0,92
BSB_5-Abbau	kg/m^3 d	0,47	0,39	0,66	1,95	0,99	1,41	0,33
BSB_5-Abbau	%	63,2	72,2	58,1	78,5	59,8	43,3	+20,7

Tafel 13 Versuchsanlage Kokerei Emil
Mittelwerte der Untersuchungsergebnisse von Versuchsreihe B/1959

Versuch	Nr.	8.21	8.22	8.23	8.24	8.25	8.25
Abw. Beschickung	m^3/m^3 d	3,6	3,6	3,6	4,8	7,2	3,6
Belebungsanlage	Stufe	I	I	I	I	I	II
$KMnO_4$-Verbr.-Zul.	mg/l	2993	3428	3106	3182	3053	883
$KMnO_4$-Verbr.-Abl.	mg/l	1072	1139	946	736	883	548
$KMnO_4$-Verbr.-Belast.	kg/m^3 d	1,1	1,2	1,1	1,5	2,2	2,0
$KMnO_4$-Verbr.-Abbau	kg/m^3 d	0,7	0,8	0,8	1,2	1,6	1,2
$KMnO_4$-Verbr.-Abbau	%	64,2	66,8	69,5	76,9	71,1	+10,9
Phenole, Zul.	mg/l	109	153	105	126	174	10
Phenole, Abl.	mg/l	9	14	11	6	10	2
Phenol-Belast.	kg/m^3 d	0,39	0,55	0,38	0,60	1,26	0,04
Phenol-Abbau	kg/m^3 d	0,36	0,50	0,34	0,58	1,18	0,03
Phenol-Abbau	%	92,0	90,6	89,6	95,5	94,7	+ 3,9
NH_3, ges., Zul.	mg/l	846	785	1020	522	872	922
NH_3, ges., Abl.	mg/l	998	785	980	775	922	879
NH_3, frei, Zul.	mg/l					72	90
NH_3, frei, Abl.	mg/l					90	100
BSB_5, Zul.	mg/l	421	700		318	513	54
BSB_5, Abl.	mg/l	121	92		65	54	38
BSB_5-Belast.	kg/m^3 d	1,52	2,52		1,33	3,69	0,19
BSB_5-Abbau	kg/m^3 d	1,08	2,19		1,06	3,30	0,06
BSB_5-Abbau	%	71,2	86,9		79,6	89,5	+ 3,1

Tafel 14 Versuchsanlage Kokerei Emil
Mittelwerte der Untersuchungsergebnisse von Versuchsreihe C/1959

Versuch	Nr.	8.31	8.31	8.32	8.32	8.33	8.33
Abw. Beschickung	m^3/m^3 d	1,2	1,2	1,8	1,8	1,2	1,2
Belebungsanlage	Stufe	I	II	I	II	I	II
$KMnO_4$-Verbr.-Zul.	mg/l	13995	1190	15595	2245	16935	3650
$KMnO_4$-Verbr.-Abl.	mg/l	1190	1040	2245	1400	3650	2160
$KMnO_4$-Verbr.-Belast.	kg/m^3 d	16,8	1,4	28,1	4,0	20,3	4,4
$KMnO_4$-Verbr.-Abbau	kg/m^3 d	15,4	0,2	24,0	1,5	15,9	1,8
$KMnO_4$-Verbr.-Abbau	%	91,5	+1,1	85,6	+4,4	78,5	+8,7
Phenole, Zul.	mg/l	1445	8	1230	14	1415	28
Phenole, Abl.	mg/l	8	5	14	10	28	9
Phenol-Belast.	kg/m^3 d	1,73		2,22		1,70	
Phenol-Abbau	kg/m^3 d	1,72		1,19		1,66	
Phenol-Abbau	%	99,5	+0,2	98,8	+0,4	98,0	+1,3
BSB_5, Zul.	mg/l	1910	89	2090	172	2335	160
BSB_5, Abl.	mg/l	89	74	172	87	160	112
BSB_5-Belast.	kg/m^3 d	2,29	0,11	3,76	0,31	2,84	0,19
BSB_5-Abbau	kg/m^3 d	2,18	0,02	3,45	0,15	2,61	0,06
BSB_5-Abbau	%	95,3	+0,8	91,8	+4,0	93,0	+2,2

Tafel 15 Versuchsanlage Kokerei Emil
Mittelwerte der Untersuchungsergebnisse von Versuchsreihe AI/1960

Versuch	Nr.	14.11	14.12	14.13	14.21	14.22	14.23	14.24
Abw. Beschickung	m^3/m^3 d	2,0	2,0	2,0	2,98	2,98	2,98	2,98
		I. Reinigungsstufe: Belebungsanlage						
$KMnO_4$-Verbr.-Zul.	mg/l	2015	2710	2905	2895	2170	1625	1587
$KMnO_4$-Verbr.-Abl.	mg/l	506	300	488	340	372	356	372
$KMnO_4$-Verbr.-Belast.	kg/m^3 d	4,03	5,42	5,81	8,60	6,45	4,84	4,72
$KMnO_4$-Verbr.-Abbau	kg/m^3 d	3,02	4,82	4,83	7,60	5,34	3,78	3,61
$KMnO_4$-Verbr.-Abbau	%	75,0	89,0	83,0	88,4	83,0	78,0	76,6
Phenole, Zul.	mg/l	107,5	182,0	220,0	175,0	67,5	87,5	85,0
Phenole, Abl.	mg/l	12,2	10,5	13,8	7,8	7,4	7,4	6,8
Phenol-Belast.	kg/m^3 d	0,215	0,364	0,440	0,520	0,201	0,261	0,253
Phenol-Abbau	kg/m^3 d	0,190	0,343	0,412	0,497	0,179	0,239	0,233
Phenol-Abbau	%	88,6	94,3	93,6	95,5	89,0	91,5	92,0
Rhodanide, Zul.	mg/l	85,7	85,3	80,7	101,6	76,6	78,8	84,7
Rhodanide, Abl.	mg/l	< 1	< 1	25,6	< 1	< 1	< 1	$<2,3$
Rhodanid-Belast.	kg/m^3 d	0,171	0,171	0,161	0,301	0,225	0,235	0,252
Rhodanid-Abbau	kg/m^3 d	0,170	0,170	0,110	0,298	0,222	0,232	0,245
Rhodanid-Abbau	%	99,5	99,5	68,2	99,0	98,7	98,7	98,9

Tafel 16 Versuchsanlage Kokerei Emil
Mittelwerte der Untersuchungsergebnisse von Versuchsreihe AI/1960

Versuch	Nr.	14.41	14.42	14.43	14.31	14.32	14.33	14.34
Abw. Beschickung	m^3/m^3 d	3,34	3,34	3,34	4,0	4,0	4,0	4,0
		I. Reinigungsstufe: Belebungsanlage						
$KMnO_4$-Verbr.-Zul.	mg/l	1626	1936	2285	2400	2825	1937	2830
$KMnO_4$-Verbr.-Abl.	mg/l	372	348	348	775	550	728	766
$KMnO_4$-Verbr.-Belast.	kg/m^3 d	5,41	6,45	7,61	9,60	11,30	7,75	11,31
$KMnO_4$-Verbr.-Abbau	kg/m^3 d	4,17	5,29	6,45	6,50	9,10	4,83	7,66
$KMnO_4$-Verbr.-Abbau	%	77,2	82,0	84,6	67,6	80,5	62,4	73,0
Phenole, Zul.	mg/l	42,5	87,2	152,6	95,0	215,0	85,0	172,5
Phenole, Abl.	mg/l	10,8	10,6	10,6	14,0	9,4	6,4	10,6
Phenol-Belast.	kg/m^3 d	0,142	0,291	0,508	0,380	0,860	0,340	0,690
Phenol-Abbau	kg/m^3 d	0,106	0,256	0,473	0,324	0,822	0,315	0,648
Phenol-Abbau	%	74,5	87,8	93,1	85,2	95,6	92,5	93,8
Rhodanide, Zul.	mg/l	95,7	105,6	109,2	139,4	88,8	142,3	136,4
Rhodanide, Abl.	mg/l	< 1	< 1	< 1	137,0	54,6	123,2	119,0
Rhodanid-Belast.	kg/m^3 d	0,319	0,352	0,364	0,557	0,355	0,569	0,545
Rhodanid-Abbau	kg/m^3 d	0,318	0,351	0,363	0,009	0,137	0,077	0,070
Rhodanid-Abbau	%	99,6	99,0	99,0	1,7	38,5	13,4	12,7

Tafel 17 Versuchsanlage Kokerei Emil
Mittelwerte der Untersuchungsergebnisse von Versuchsreihe BI/1960

Versuch	Nr.	15.11	15.12	15.13	15.14	15.15	15.16	15.17	15.21
Abw. Beschickung	m³/m³ d	3,34	3,34	3,34	3,34	3,34	3,34	3,34	2,0
		I. Reinigungsstufe: Belebungsanlage							
$KMnO_4$-Verbr.-Zul.	mg/l	2570	2885	2885	3635	3835	4620	4930	3646
$KMnO_4$-Verbr.-Abl.	mg/l	601	688	753	916	1052	818	1064	994
$KMnO_4$-Verbr.-Belast.	kg/m³ d	8,56	9,61	9,61	12,10	12,79	15,40	16,43	7,29
$KMnO_4$-Verbr.-Abbau	kg/m³ d	6,55	7,31	7,10	9,05	9,28	12,67	12,88	5,30
$KMnO_4$-Verbr.-Abbau	%	76,5	76,0	73,9	74,8	72,6	82,2	78,3	73,0
Phenole, Zul.	mg/l	160,0	190,0	272,5	260,0	313,0	485,0	432,0	280,0
Phenole, Abl.	mg/l	9,4	10,0	11,0	13,6	15,6	14,8	17,0	16,0
Phenol-Belast.	kg/m³ d	0,533	0,633	0,906	0,866	1,042	1,618	1,442	0,560
Phenol-Abbau	kg/m³ d	0,502	0,600	0,869	0,821	0,990	1,569	1,385	0,528
Phenol-Abbau	%	94,0	94,8	95,9	94,7	95,0	97,0	96,0	94,3
Rhodanide, Zul.	mg/l	97,5	110,4	104,5	111,5	94,0	81,8	92,9	
Rhodanide, Abl.	mg/l	43,5	85,8	40,7	95,8	80,0	74,3	81,8	
Rhodanid-Belast.	kg/m³ d	0,325	0,368	0,348	0,372	0,314	0,273	0,310	
Rhodanid-Abbau	kg/m³ d	0,180	0,082	0,212	0,052	0,047	0,025	0,037	
Rhodanid-Abbau	%	55,3	22,3	61,0	14,1	14,9	9,2	11,9	

Tafel 18 Versuchsanlage Kokerei Emil
Mittelwerte der Untersuchungsergebnisse von Versuchsreihe BI/1960

Versuch	Nr.	15.22	15.23	15.31	15.32	15.41	15.42	15.43	15.44
Abw. Beschickung	m³/m³ d	2,0	2,0	3,34	3,34	2,0	2,0	2,0	2,0
		I. Reinigungsstufe: Belebungsanlage							
$KMnO_4$-Verbr.-Zul.	mg/l	7126	7210	3760	4610		6575	6820	13272
$KMnO_4$-Verbr.-Abl.	mg/l	1003	2287	1580	1086		1202	402	2749
$KMnO_4$-Verbr.-Belast.	kg/m³ d	14,25	14,42	12,53	15,38		13,15	13,64	26,54
$KMnO_4$-Verbr.-Abbau	kg/m³ d	12,25	9,85	7,27	11,76		10,75	12,84	21,05
$KMnO_4$-Verbr.-Abbau	%	85,9	68,2	58,0	76,5		81,8	94,1	79,5
Phenole, Zul.	mg/l	630,0	980,0	325,0	505,0	2150,0	504,0	280,0	953,0
Phenole, Abl.	mg/l	13,5	89,5	12,0	6,8	272,0	10,5	8,4	57,0
Phenol-Belast.	kg/m³ d	1,260	1,960	1,083	1,684	4,350	1,008	0,560	1,906
Phenol-Abbau	kg/m³ d	1,233	1,781	1,043	1,661	3,806	0,987	0,543	1,792
Phenol-Abbau	%	98,0	90,8	96,2	98,5	87,5	98,0	97,0	94,0
Rhodanide, Zul.	mg/l	81,8	95,0						
Rhodanide, Abl.	mg/l	79,0	90,0						
Rhodanid-Belast.	kg/m³ d	0,273	0,317						
Rhodanid-Abbau	kg/m³ d	0,009	0,017						
Rhodanid-Abbau	%	3,4	5,3						

Tafel 19 Versuchsanlage Kokerei Emil
Mittelwerte der Untersuchungsergebnisse von Versuchsreihe CI/1960

Versuch	Nr.	16.11	16.12	16.21	16.22	16.23	16.24	16.25	16.26
Abw. Beschickung	m^3/m^3 d	2,9	2,9	2,0	2,0	2,0	2,0	2,0	2,0
		I. Reinigungsstufe: Belebungsanlage							
$KMnO_4$-Verbr.-Zul.	mg/l	2885	3000	2845		3915	3653	3572	4650
$KMnO_4$-Verbr.-Abl.	mg/l	466	490	474		900	447	677	988
$KMnO_4$-Verbr.-Belast.	kg/m^3 d	8,34	8,65	8,22		7,83	7,31	7,14	9,30
$KMnO_4$-Verbr.-Abbau	kg/m^3 d	6,99	7,24	6,85		6,03	6,41	5,79	7,32
$KMnO_4$-Verbr.-Abbau	%	83,7	83,6	83,3		77,0	87,9	81,0	78,8
Phenole, Zul.	mg/l	82,5	87,5			170,0	200,0	160,0	153,0
Phenole, Abl.	mg/l	8,2	8,0			7,4	8,8	6,8	7,6
Phenol-Belast.	kg/m^3 d	0,238	0,253			0,340	0,400	0,320	0,306
Phenol-Abbau	kg/m^3 d	0,214	0,230			0,325	0,382	0,306	0,291
Phenol-Abbau	%	90,1	90,9			95,5	95,5	95,6	94,4
Rhodanide, Zul.	mg/l	283,0	422,0	520,0	284,0	354,0	198,1	307,3	569,4
Rhodanide, Abl.	mg/l	8,7	43,6	191,5	33,6	211,0	4,8	34,9	152,8
Rhodanid-Belast.	kg/m^3 d	0,819	1,220	1,505	0,568	0,708	0,396	0,614	1,138
Rhodanid-Abbau	kg/m^3 d	0,794	1,091	0,954	0,501	0,286	0,386	0,544	0,832
Rhodanid-Abbau	%	97,0	89,7	63,2	88,1	40,4	97,5	88,6	73,2

Tafel 20 Versuchsanlage Kokerei Emil
Mittelwerte der Untersuchungsergebnisse von Versuchsreihe DI/1960

Versuch	Nr.	17.11	17.12	17.13	17.14	17.15	17.21	17.22
Abw. Beschickung	m^3/m^3 d	2,0	2,0	2,0	2,0	2,0	2,0	2,0
		I. Reinigungsstufe: Belebungsanlage						
$KMnO_4$-Verbr.-Zul.	mg/l	2645	2644	2530	2567	2567	4100	3380
$KMnO_4$-Verbr.-Abl.	mg/l	687	624	743	782	806	480	239
$KMnO_4$-Verbr.-Belast.	kg/m^3 d	5,29	5,29	5,06	5,13	5,13	8,20	6,76
$KMnO_4$-Verbr.-Abbau	kg/m^3 d	3,92	4,04	3,57	3,57	3,52	7,24	6,28
$KMnO_4$-Verbr.-Abbau	%	74,0	76,4	70,5	69,5	68,5	88,3	93,0
Phenole, Zul.	mg/l	102,5	92,5	92,5	82,5	95,0	135,0	125,0
Phenole, Abl.	mg/l	6,2	7,2	7,8	8,0	8,6	6,0	7,2
Phenol-Belast.	kg/m^3 d	0,205	0,185	0,185	0,165	0,190	0,270	0,250
Phenol-Abbau	kg/m^3 d	0,193	0,171	0,169	0,149	0,173	0,258	0,236
Phenol-Abbau	%	94,0	92,3	91,5	90,2	90,8	95,5	94,2
Rhodanide, Zul.	mg/l	94,1	101,6	113,3	119,0	112,0	250,0	141,0
Rhodanide, Abl.	mg/l	78,9	65,0	102,7	78,9	82,3	< 1	6,4
Rhodanid-Belast.	kg/m^3 d	0,184	0,203	0,226	0,238	0,224	0,500	0,282
Rhodanid-Abbau	kg/m^3 d	0,030	0,073	0,021	0,080	0,059	0,499	0,270
Rhodanid-Abbau	%	16,2	36,0	9,4	33,7	26,5	99,1	95,5
Cyanide, Zul.	mg/l	9,9	27,6	45,2	62,7	114,6	1,82	3,33
Cyanide, Abl.	mg/l	0,78	1,30	2,18	2,60	3,02	0,36	0,52
Cyanid-Belast.	kg/m^3 d	0,020	0,055	0,090	0,125	0,229	0,004	0,006
Cyanid-Abbau	kg/m^3 d	0,018	0,052	0,086	0,120	0,223	0,003	0,005
Cyanid-Abbau	%	92,0	95,3	95,2	95,8	97,4	80,2	84,5

Tafel 21 Versuchsanlage Kokerei Emil
Mittelwerte der Untersuchungsergebnisse von Versuchsreihe AII/1960

Versuch	Nr.	14.11	14.12	14.13	14.21	14.22	14.23	14.24
Abw. Beschickung	m^3/m^3 d	1,78	1,78	1,78	2,66	2,66	2,66	2,66
				II. Reinigungsstufe: Tropfkörper				
$KMnO_4$-Ver.-Zul.	mg/l	506	300	488	340	372	356	372
$KMnO_4$-Verbr.-Abl.	mg/l	380	271	380	283	333	349	326
$KMnO_4$-Verbr.-Belast.	kg/m^3 d	0,900	0,534	0,870	0,905	0,990	0,953	0,990
$KMnO_4$-Verbr.-Abbau	kg/m^3 d	0,224	0,052	0,192	0,152	0,104	0,019	0,122
$KMnO_4$-Verbr.-Abbau	%	25,0	9,7	22,1	16,8	10,5	2,0	12,4

Tafel 22 Versuchsanlage Kokerei Emil
Mittelwerte der Untersuchungsergebnisse von Versuchsreihe AII/1960

Versuch	Nr.	14.41	14.42	14.43	14.31	14.32	14.33	14.34
Abw. Beschickung	m^3/m^3 d	2,89	2,89	2,89	3,56	3,56	3,56	3,56
				II. Reinigungsstufe: Tropfkörper				
$KMnO_4$-Verbr.-Zul.	mg/l	372	348	348	775	550	728	766
$KMnO_4$-Verbr.-Abl.	mg/l	364	333	318	722	527	658	712
$KMnO_4$-Verbr.-Belast.	kg/m^3 d	1,075	1,005	1,005	2,760	1,960	2,590	2,725
$KMnO_4$-Verbr.-Abbau	kg/m^3 d	0,023	0,043	0,087	0,189	0,082	0,249	0,192
$KMnO_4$-Verbr.-Abbau	%	2,2	4,3	8,6	6,8	4,2	9,6	7,0
Rhodanide, Zul.	mg/l				137	55	123	119
Rhodanide, Abl.	mg/l				91	36	111	90
Rhodanid-Belast.	kg/m^3 d				0,487	0,196	0,438	0,423
Rhodanid-Abbau	kg/m^3 d				0,164	0,068	0,043	0,103
Rhodanid-Abbau	%				33,6	34,1	9,5	24,4

Tafel 23 Versuchsanlage Kokerei Emil
Mittelwerte der Untersuchungsergebnisse von Versuchsreihe BII/1960

Versuch	Nr.	15.11	15.12	15.13	15.14	15.15	15.16	15.17	15.21
Abw. Beschickung	m^3/m^3 d	2,89	2,89	2,89	2,89	2,89	2,89	2,89	1,56
		II. Reinigungsstufe: Tropfkörper							
$KMnO_4$-Verbr.-Zul.	mg/l	601	688	753	916	1052	818	1064	994
$KMnO_4$-Verbr.-Abl.	mg/l	553	568	490	773	917	718	948	878
$KMnO_4$-Verbr.-Belast.	kg/m^3 d	1,740	1,988	2,180	2,645	3,042	2,363	3,077	1,548
$KMnO_4$-Verbr.-Abbau	kg/m^3 d	0,139	0,348	0,765	0,414	0,389	0,289	0,335	0,181
$KMnO_4$-Verbr.-Abbau	%	7,95	17,4	34,9	15,6	12,8	12,2	10,9	11,7
Phenole, Zul.	mg/l	9,4	10,0	11	13,6	15,6	14,8	17,0	16
Phenole, Abl.	mg/l	9,4	9,4	9,4	10	14	14,6	15,5	13
Phenol-Belastung	kg/m^3 d	0,026	0,029	0,032	0,037	0,045	0,043	0,049	0,025
Phenol-Abbau	kg/m^3 d	0	0	0,004	0,010	0,004	0	0,004	0,004
Phenol-Abbau	%	0	6	14,5	26,5	10,3	0	8,8	18,8
Rhodanide, Zul.	mg/l	43,5	86	41	95,8	80	74	82	
Rhodanide, Abl.	mg/l	17,4	49	31	57,5	80	66	66	
Rhodanid-Belast.	kg/m^3 d	0,126	0,248	0,119	0,277	0,231	0,214	0,237	
Rhodanid-Abbau	kg/m^3 d	0,076	0,106	0,029	0,111	0	0,023	0,046	
Rhodanid-Abbau	%	60,3	42,8	24,4	40,0	0	10,8	19,5	

Tafel 24 Versuchsanlage Kokerei Emil
Mittelwerte der Untersuchungsergebnisse von Versuchsreihe BII/1960

Versuch	Nr.	15.22	15.23	15.31	15.32	15.41	15.42	15.43	15.44
Abw. Beschickung	m^3/m^3 d	1,56	1,56	2,89	2,89		1,56	1,56	1,56
		II. Reinigungsstufe: Tropfkörper							
$KMnO_4$-Verbr.-Zul.	mg/l	1003	2287	1580	1086		1202	402	2749
$KMnO_4$-Verbr.-Abl.	mg/l	820	1558	1390	987		1038	376	1469
$KMnO_4$-Verbr.-Belast.	kg/m^3 d	1,57	3,56	4,56	3,14		1,87	0,63	4,27
$KMnO_4$-Verbr.-Abbau	kg/m^3 d	0,29	1,14	0,55	0,29		0,25	0,04	2,00
$KMnO_4$-Verbr.-Abbau	%	17,8	31,9	12,1	9,1		13,6	6,5	46,5
Phenole, Zul.	mg/l	13,5	89,5	12,0	6,8		10,5	8,4	57
Phenole, Abl.	mg/l	10	36,5		4,4		10,5	7,6	55
Phenol-Belast.	kg/m^3 d	0,021	0,140	0,035	0,019		0,016	0,013	0,089
Phenol-Abbau	kg/m^3 d	0,005	0,083		0,006		0	0,001	0,003
Phenol-Abbau	%	25,9	58,2		35,3		0	9,5	3,5
Rhodanide, Zul.	mg/l	79	90,0						
Rhodanide, Abl.	mg/l	73							
Rhodanid-Belast.	kg/m^3 d	0,123	0,140						
Rhodanid-Abbau	kg/m^3 d	0,009							
Rhodanid-Abbau	%	7,6							

Tafel 25 Versuchsanlage Kokerei Emil
Mittelwerte der Untersuchungsergebnisse von Versuchsreihe CII/1960

Versuch	Nr.	16.11	16.12	16.21	16.22	16.23	16.24	16.25	16.26
Abw. Beschickung	m³/m³ d	2,44	2,44	2,44		1,56	1,56	1,56	1,56
		II. Reinigungsstufe: Tropfkörper							
$KMnO_4$-Verbr.-Zul.	mg/l	466	490	474		900	447	677	988
$KMnO_4$-Verbr.-Abl.	mg/l	371	403	451		798	406	438	848
$KMnO_4$-Verbr.-Belast.	kg/m³ d	1,137	1,195	1,157		1,403	0,697	1,054	1,541
$KMnO_4$-Verbr.-Abbau	kg/m³ d	0,232	0,210	0,056		0,158	0,064	0,373	0,218
$KMnO_4$-Verbr.-Abbau	%	20,4	17,6	4,9		11,3	9,2	35,2	14,2
Phenole, Zul.	mg/l	8,2	8,0			7,4	8,8	6,8	7,6
Phenole, Abl.	mg/l	6,8	7,8			6,2	8,8	6,0	6,4
Phenol-Belast.	kg/m³ d	0,020	0,020			0,012	0,014	0,011	0,012
Phenol-Abbau	kg/m³ d	0,003	0,001			0,001	0	0,001	0,002
Phenol-Abbau	%	17,1	2,5			16,2	0	11,8	15,8
Rhodanide, Zul.	mg/l	8,7	43,6	192		211	5	35	153
Rhodanide, Abl.	mg/l	< 1	1,7	186		153	3	27	105
Rhodanid-Belast.	kg/m³ d	0,021	0,106	0,468		0,329	0,008	0,055	0,238
Rhodanid-Abbau	kg/m³ d	0,019	0,102	0,015		0,090	0,003	0,013	0,076
Rhodanid-Abbau	%	88,5	96,3	3,1		27,4	40,0	22,9	31,4

Tafel 26 Versuchsanlage Kokerei Emil
Mittelwerte der Untersuchungsergebnisse von Versuchsreihe DII/1960

Versuch	Nr.	17.11	17.12	17.13	17.14	17.15	17.21	17.22
Abw. Beschickung	m³/m³ d	1,56	1,56	1,56	1,56	1,56	1,56	1,56
		II. Reinigungsstufe: Tropfkörper						
$KMnO_4$-Verbr.-Zul.	mg/l	687	624	743	782	806	480	239
$KMnO_4$-Verbr.-Abl.	mg/l	615	529	569	664	703	480	222
$KMnO_4$-Verbr.-Belast.	kg/m³ d	1,072	0,974	1,160	1,220	1,258	0,748	0,372
$KMnO_4$-Verbr.-Abbau	kg/m³ d	0,112	0,148	0,272	0,184	0,162	0	0,026
$KMnO_4$-Verbr.-Abbau	%	10,5	15,2	23,4	14,8	12,8	0	7,1
Phenole, Zul.	mg/l	6,2	7,2	7,8	8,0	8,6	6,0	7,2
Phenole, Abl.	mg/l	5,8	6,8	6,6	7,2	8,4	5,0	6,0
Phenol-Belast.	kg/m³ d	0,009	0,011	0,012	0,012	0,013	0,009	0,011
Phenol-Abbau	kg/m³ d	0,001	0,001	0,001	0,001	0	0,002	0,001
Phenol-Abbau	%	6,5	5,5	15,4	10,0	0	16,7	16,7
Rhodanide, Zul.	mg/l	79	65	103	80	90	< 1	6,4
Rhodanide, Abl.	mg/l	54	39	71	79	82	< 1	2,3
Rhodanid-Belast.	kg/m³ d	0,123	0,102	0,160	0,125	0,140	0	0,010
Rhodanid-Abbau	kg/m³ d	0,039	0,041	0,049	0,002	0,012	0	0,006
Rhodanid-Abbau	%	31,6	41,4	31,1	1,3	8,9	0	64,0
Cyanide, Zul.	mg/l	0,78	1,30	2,18	2,60	3,02	0,36	0,52
Cyanide, Abl.	mg/l	0,62	1,04	0,63	0,88	1,09	0,52	0,62
Cyanid-Belast.	kg/m³ d	0,001	0,002	0,003	0,004	0,005	0,001	0,001
Cyanid-Abbau	kg/m³ d	~ 0	~ 0	0,002	0,003	0,003	0	0
Cyanid-Abbau	%	20,5	20,0	71,2	66,0	63,9	0	0

Tafel 27 Ergebnisse der Laborversuche der Firma Simon-Carves Ltd.

Bestimmung		Rohwasser			Ablauf Stufe 1			Ablauf Stufe 2		Ablauf Stufe 3		
		a	b	c	a	b	c	b	c	a	b	c
pH		6,5	5,9	6,3	7,1	7,6	6,9	7,1	7,0	6,9	6,7	7,5
Chemischer Sauerstoffbedarf (O.A.)	mg/l	690	610	430	76	350	300	125	60	25	30	32
Gesamtphenole	mg/l	180	210	115	10	35	40	20	8	10	10	8
Einwertige Phenole	mg/l	150	105	55	< 5	10	15	5	5	< 5	5	5
Cyanid und Thiocyanat	mg/l	140	150	230	< 1	145	185	5	5	< 1	5	5
Sulfit und Thiosulfat	mg/l	200	290	190	0	–	–	5	5	0	5	5
Gesamtammoniak	mg/l	2000	990	575	1100	950	730	1050	775	<10	5	6
Nitrit	mg/l	0,9	–	–	2,0	–	–	–	–	1,2	–	–
Nitrat	mg/l	0	–	–	0	–	–	–	–	1800	–	–

a = Probe vom Gesamtablauf am 2./3. Sept. 1960; b = Probe vom Ammoniakabtreiber vom 2. Febr. 1962; c = Probe vom Gesamtablauf vom 25. Sept. 1962; – = keine Bestimmung ausgeführt

Tafel 28 Ergebnisse der Abwasseruntersuchungen im Laboratorium der Emschergenossenschaft

Untersuchung auf:			Ammoniakabwasser Rohwasser 2.2.1962	Ammoniakabwasser biol. beh. 3.10.1962	Gesamtabwasser Rohwasser 25.9.1962	Gesamtabwasser biol. beh.
Gesamtschwebestoffe		mg/l	–	362	–	12
Permanganatverbrauch		mg/l	5150	243	3651	239
BSB_5		mg/l	–	18	310	11
Gesamtphenole	(C_6H_5OH)	mg/l	280	~ 1	(115)	~ 2
Wasserdampffl. Phenole	(C_6H_5OH)	mg/l	239	∅	98	0,4
Rhodanide	(CNS)	mg/l	145	∅	145	∅
Cyanide	(CN)	mg/l	–	0,4	44	< 0,6
Gesamtammoniak	(NH_3)	mg/l	1550	< 1	658	4
Nitrit	(N_2O_3)	mg/l	∅	0,1	∅	0,1
Nitrat	(N_2O_5)	mg/l	∅	3050	∅	2400
Sulfide	(S)	mg/l	34	–	5	–
Sulfate	(SO_3)	mg/l	–	853	23	734
Thiosulfat	(S_2O_3)	mg/l	393	–	–	–
Ammoniak-Stickst.	(N)	mg/l	–	< 1	–	3
Nitrit-Stickstoff	(N)	mg/l	–	< 1	–	< 1
Nitrat-Stickstoff	(N)	mg/l	–	792	–	622
org. Stickstoff	(N)	mg/l	–	~ 3	–	< 1
Gesamt-Stickstoff	(N)	mg/l	–	796	–	625
Chloride	(Cl)	mg/l	2800	1720	1240	1520
pH-Wert			5,9	6,0	6,3	6,2
Acidität	(H_2SO_4)	mg/l	–	29	–	8,4
Alkalität	(NaOH)	mg/l	–	48	–	22
Gesamthärte		DH°	–	324	–	288
Karbonathärte		DH°	–	3	–	2
bleibende Härte		DH°	–	321	–	286
Kalk	(CaO)	mg/l	–	3240	–	2832
Phosphate	(P_2O_5)	mg/l	–	1,8	–	1,8
Ätherextrakt		mg/l	–	–	13	–
org. Säuren	(CH_3COOH)	mg/l	–	79	25	14
Kupfer	(Cu)	mg/l	–	0,7	1,5	0,2
Zink	(Zn)	mg/l	–	1,7	7,6	0,8
Pyridin	(C_5H_5N)	mg/l	–	–	24	–

– = Analyse nicht durchgeführt   ∅ = nicht nachweisbar

Tafel 29a Betriebskennwerte der ein- und mehrstufigen Versuche

Versuch-Nr.	Abwasserart (G = Gesamtabwasser A = NH_3-Abwasser)	Reinigungsstufe	Beckenvolumen m^3	Abwasserbeschickung m^3/m^3 d	Aufenthaltszeit h	Schlammvolumen ml/l	Schlammgehalt g/l	Schlammindex ml/g	Rücklaufverhältnis %	Luftmenge m^3/m^3 d	Sauerstoffgehalt mg/l	Bemerkungen
8.11	A	I	10,8	1,2	20	60	0,97	62	330	178	2,7	Einfluß der organischen Belastung
8.12	A	I	10,8	1,2	20	75	1,47	51	330	111	1,4	
8.13	A	I	7,2	2,4	10	100	1,85	54	200	183	0,9	
8.14	A	I	7,2	2,4	10	130	2,13	61	200	300	1,4	
8.15	A	I	7,2	3,6	6,7	100	1,79	56	100	300	1,4	
8.16	A	I	3,6	7,2	3,3	160	1,44	111	85	1040	0,5	
8.16	A	II	7,2	3,6	6,7	120	1,64	73	85	216	3,2	
8.21	G	I	7,2	3,6	6,7	140	2,70	52	100	234	1,3	
8.22	G	I	7,2	3,6	6,7	130	3,82	34	100	518	1,1	
8.23	G	I	7,2	3,6	6,7	130	3,34	39	65	518	2,0	
8.24	G	I	7,2	4,8	5	130	3,61	36	50	518	1,4	
8.25	G	I	3,6	7,2	3,3	130	2,96	44	85	1040	2,4	
8.25	G	II	7,2	3,6	6,7	100	2,04	49	85	234	5,1	
8.31	G	I	7,2	1,2	20	230	3,10	74	300	515	1,2	
8.31	G	II	7,2	1,2	20	120	1,76	68	200	210	8,2	
8.32	G	I	7,2	1,8	13,3	150	3,10	48	165	523	1,0	
8.32	G	II	7,2	1,8	13,3	120	1,71	70	135	200	5,9	
8.33	G	I	7,2	1,2	20	130	2,01	65	250	532	0,7	
8.33	G	II	7,2	1,2	20	100	1,60	63	200	217	4,7	
14.11	A	I	10,8	2,0	12	50	1,70	30	100	222	1,4	Abwasserbeschickung
14.12	A	I	10,8	2,0	12							
14.13	A	I	10,8	2,0	12							
14.21	A	I	10,8	2,98	8	50	1,09	46	100	290	3,4	
14.22	A	I	10,8	2,98	8							
14.23	A	I	10,8	2,98	8							
14.24	A	I	10,8	2,98	8							
14.41	A	I	10,8	3.34	7,2	68	1,13	60	100	311	5,7	
14.42	A	I	10,8	3,34	7,2							
14.43	A	I	10,8	3,34	7,2							
14.31	A	I	10,8	4,0	5,5	60	1,51	40	100	266	3,0	
14.32	A	I	10,8	4,0	5,5							
14.33	A	I	10,8	4,0	5,5							
14.34	A	I	10,8	4,0	5,5							

Tafel 29b Betriebskennwerte der ein- und mehrstufigen Versuche

Versuch-Nr.	Abwasserart (G = Gesamtabwasser A = NH_3-Abwasser)	Reinigungsstufe	Beckenvolumen m^3	Abwasserbeschickung m^3/m^3 d	Aufenthaltszeit h	Schlammvolumen ml/l	Schlammgehalt g/l	Schlammindex ml/g	Rücklaufverhältnis %	Luftmenge m^3/m^3 d	Sauerstoffgehalt mg/l	Bemerkungen
15.11	A	I	10,8	3,34	7,2	120			100	267	4,6	Phenolbelastung
15.12	A	I	10,8	3,34	7,2	130			100	255	1,7	
15.13	A	I	10,8	3,34	7,2	100	1,04	96	100	222	4,3	
15.14	A	I	10,8	3,34	7,2	90			100	333	2,9	
15.15	A	I	10,8	3,34	7,2	75	0,96	78	100	533	1,5	
15.16	A	I	10,8	3,34	7,2	120			100	533	1,4	
15.17	A	I	10,8	3,34	7,2	160			100	433	0	
15.21	A	I	10,8	2,0	12	150	3,02	50	100	267	5,8	
15.22	A	I	10,8	2,0	12	180	3,10	58	100	267	2,1	
15.23	A	I	10,8	2,0	12	180			100	267		
15.31	A	I	10,8	3,34	7,2	130			100		4,2	
15.32	A	I	10,8	3,34	7,2	140	2,61	54	100		2,2	
15.41	A	I	10,8	2,0	12	150			100			
15.42	A	I	10,8	2,0	12	130	2,41	54	100		6,3	
15.43	A	I	10,8	2,0	12	130			100			
15.44	A	I	10,8	2,0	12	160			100		1,3	
16.11	A	I	10,8	2,9	8,3	100			100	378	3,0	Rhodanidabbau
16.12	A	I	10,8	2,9	8,3	120			100	378	3,1	
16.21	A	I	10,8	2,9	8,3	110			100	378	3,8	
16.22	A	I	10,8	2,0	12	110			100	378	4,5	
16.23	A	I	10,8	2,0	12	110			100	300	3,7	
16.24	A	I	10,8	2,0	12	140			100	289	2,9	
16.25	A	I	10,8	2,0	12	150			100	289	2,9	
16.26	A	I	10,8	2,0	12	170	3,1	55	100	284	3,9	
17.11	A	I	10,8	2,0	12	110	1,69	65	100	311	5,4	Cyanidabbau
17.12	A	I	10,8	2,0	12	110			100	311	3,0	
17.13	A	I	10,8	2,0	12	110			100	311	3,7	
17.14	A	I	10,8	2,0	12	120			100	300	4,2	
17.15	A	I	10,8	2,0	12	120			100	311	5,3	
17.21	A	I	10,8	2,0	12	120			100	333	5,2	
17.22	A	I	10,8	2,0	12	130			100	333	1,0	

Tafel 30 Grundwerte für die Berechnung der Betriebskosten bei einstufiger Behandlung

1. Wasserdurchsatz	100 m^3/d	500 m^3/d	1000 m^3/d
2. Belastung und Abbau	Phenol: 1 kg/m^3 · d mit 98% Abbau BSB_5: 4 kg/m^3 · d mit 77% Abbau $KMnO_4$-Verbrauch: 20 kg/m^3 · d mit 70% Abbau		
3. Kapitaldienst	10% der Anlagekosten		
4. Unterhaltung	2% der Anlagekosten		
5. Personaleinsatz	1 Maschinist und 1 Laborant je		
(Maschinist = 20 000 DM/a) (Laborant = 25 000 DM/a)	2 h/d	4 h/d	6 h/d
6. Energieverbrauch (0,10 DM/kWh)			
a) für Pumpen (ges. Druckhöhe = 20 m)	0,455 kWh	2,28 kWh	4,55 kWh
b) für Druckluft (170 m^3/kg Phenole) z. B. bei 1,0 g Phenol/l	11,33 kWh	56,65 kWh	113,30 kWh
7. Chemikalienkosten (6,8 Pf/kg Phenol) z. B. bei 1,0 kg Phenol/m^3	6,80 DM/d	34,00 DM/d	68,00 DM/d

b) Abbildungen

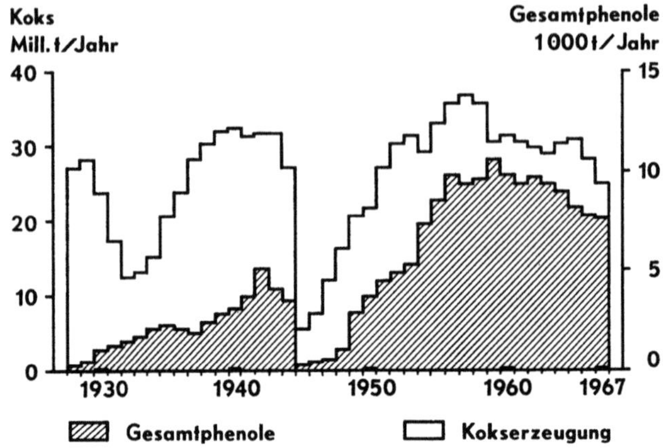

Abb. 1 Kokserzeugung und Phenolgewinnung im Emscher- und Lippegebiet

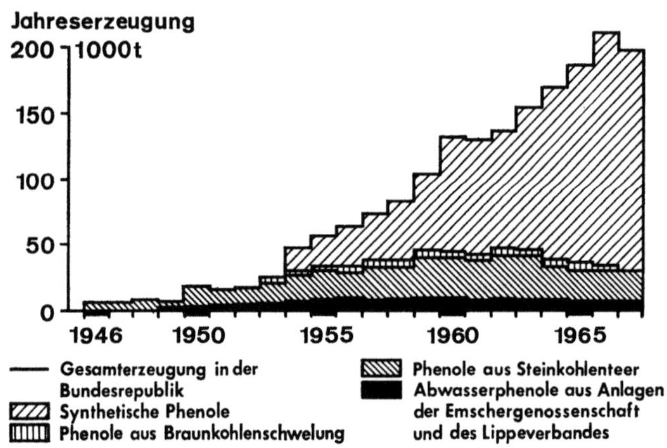

Abb. 2 Phenolerzeugung in der Bundesrepublik

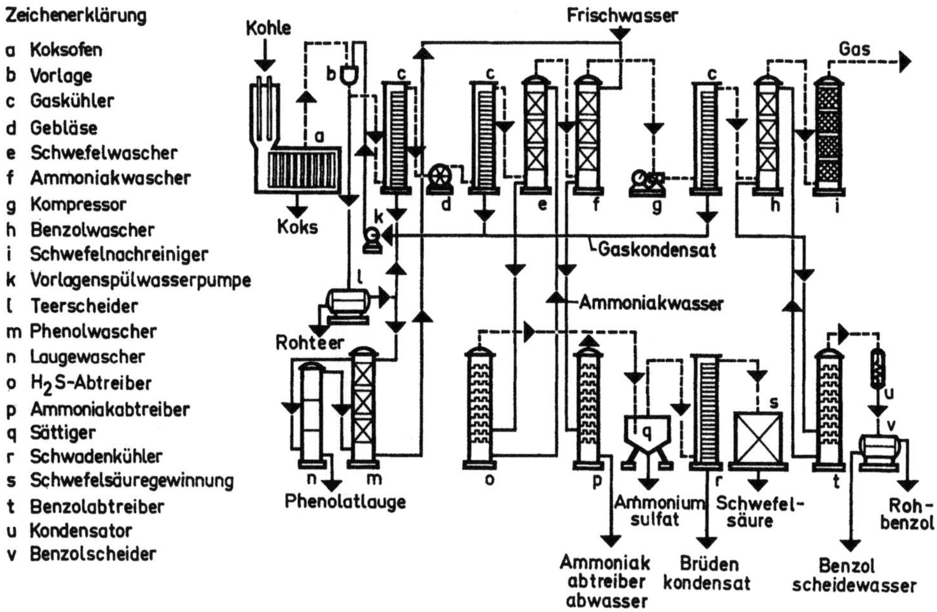

Abb. 3 Schema einer Kokerei mit indirekter Ammoniakgewinnung und nasser Gasentschwefelung

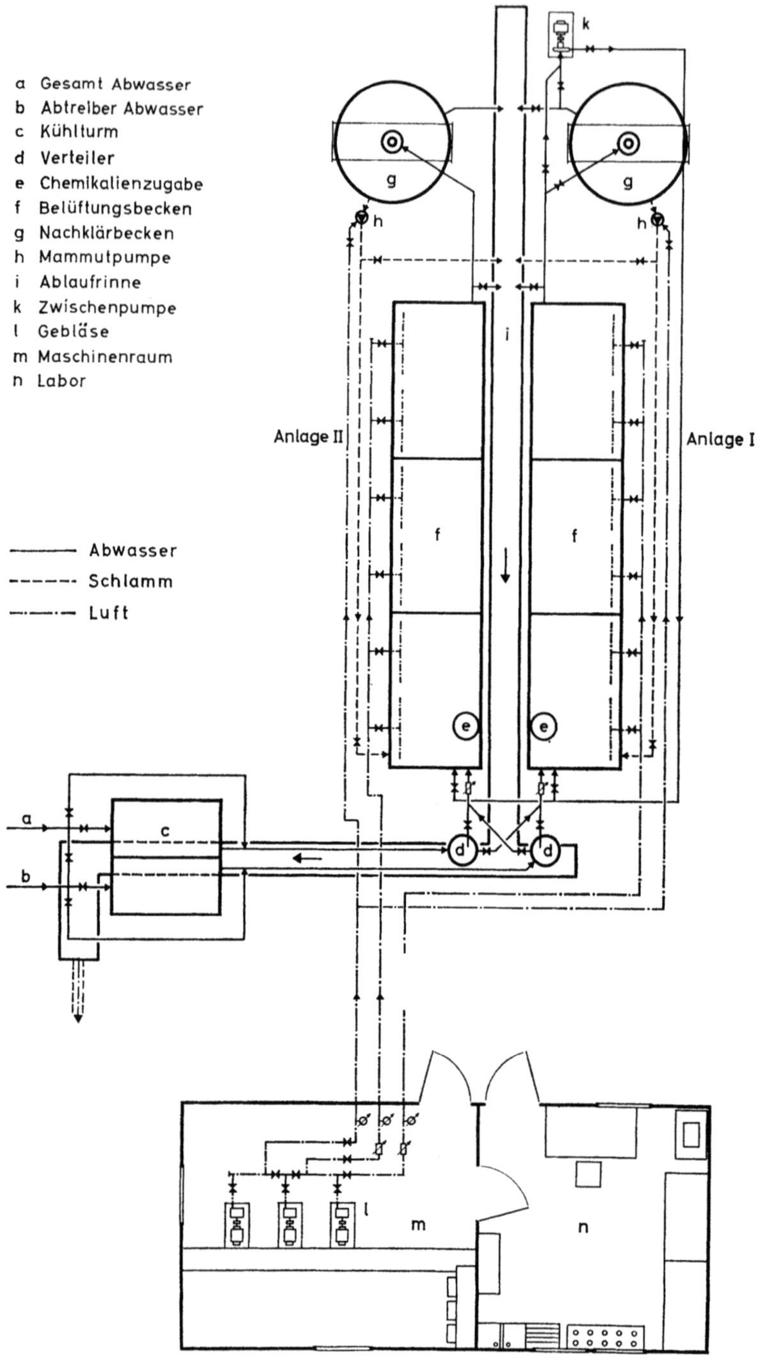

Abb. 4 Lageplan der Versuchsanlagen nach dem Belebungsverfahren

Abb. 5 Ansicht der beiden Belebungsanlagen

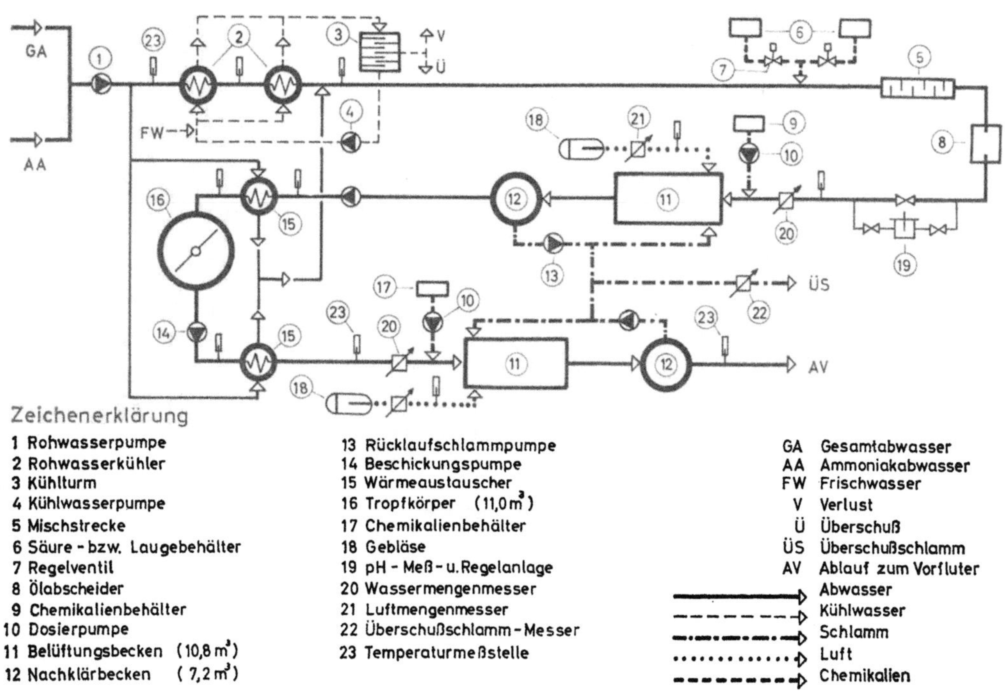

Abb. 6 Fließschema und Meßeinrichtungen der erweiterten Versuchsanlage

Abb. 7 Registrier- und Steuergeräte der Versuchsanlage

Abb. 8 Betriebslaboratorium der Versuchsanlage

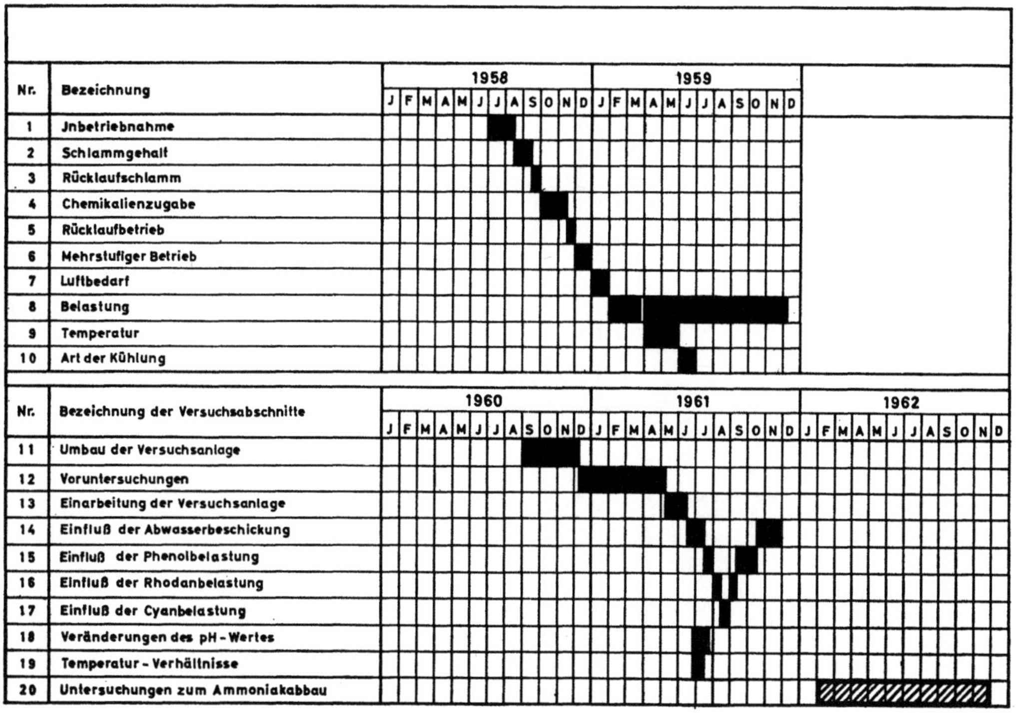

Abb. 9 Versuchsprogramm

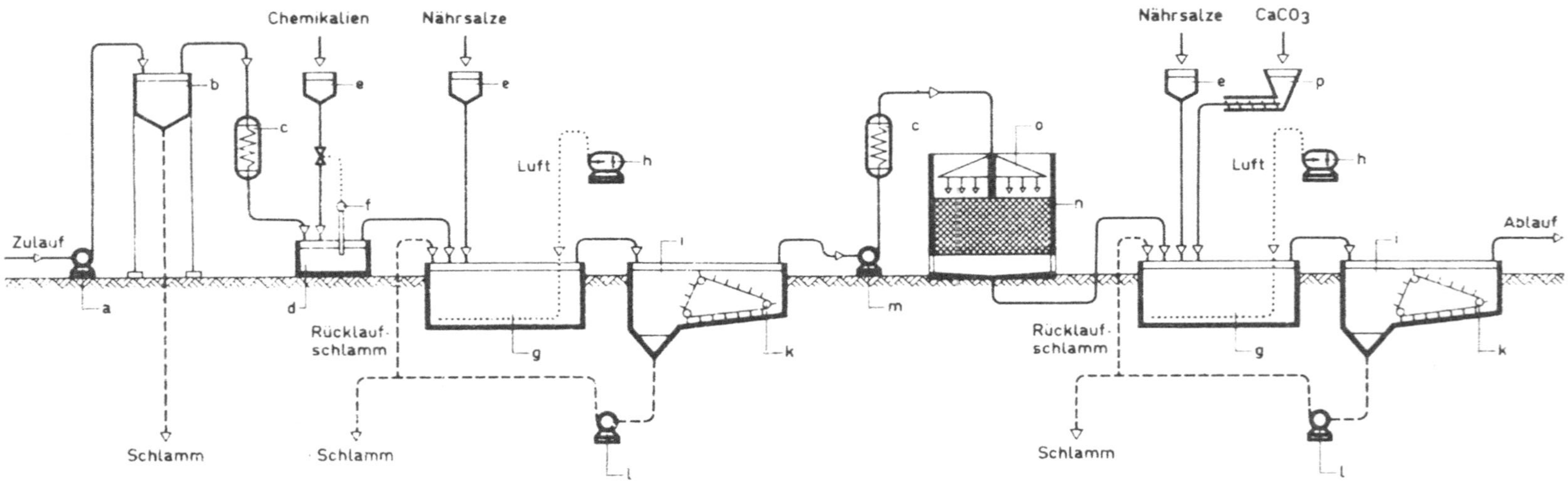

Abb. 10 Mehrstufige biologische Reinigungsanlage für Kokereiabwasser

Zeichenerklärung

a	Rohwasserpumpe	f	pH-Messer und -Regler	l	Schlammpumpe
b	Absetzbehälter	g	Belüftungsbecken	m	Ammoniakwasserpumpe
c	Wärmeaustauscher	h	Gebläse	n	Tropfkörper
d	Neutralisations- und Mischbehälter	i	Absetzbecken	o	Drehsprenger
e	Vorratsbehälter	k	Schlammräumer	p	Trockendosierer

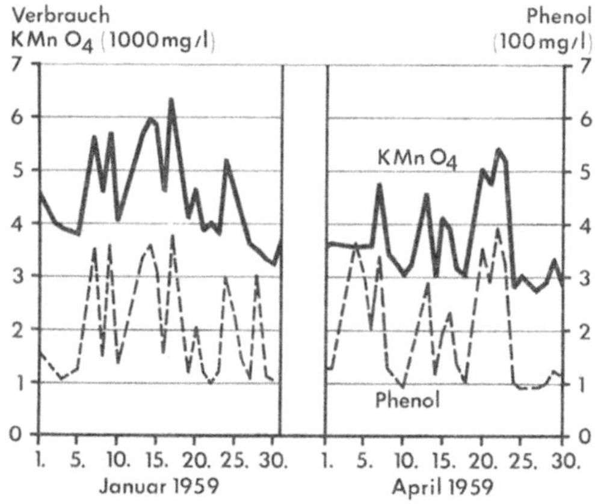

Abb. 11 Schwankungen in der Abwasserbeschaffenheit

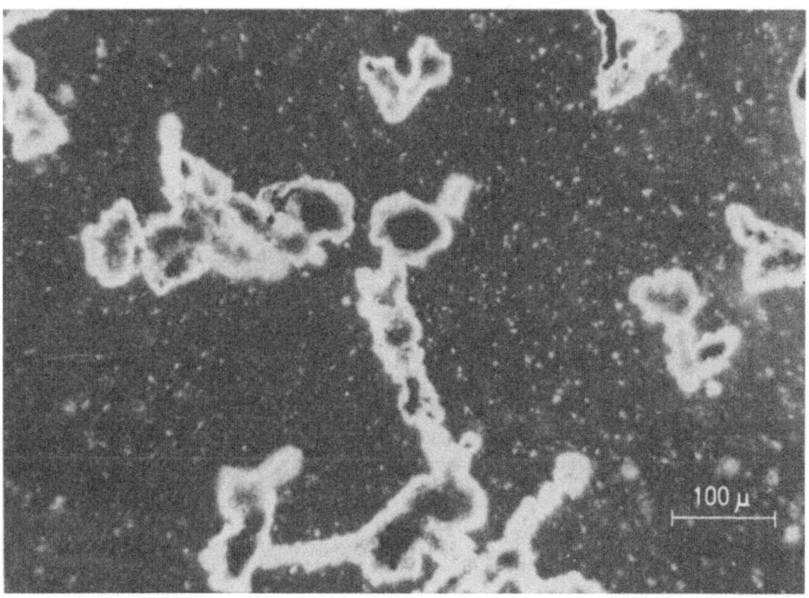

Abb. 12 Mikroaufnahme des belebten Schlammes (Dunkelfeldaufnahme)

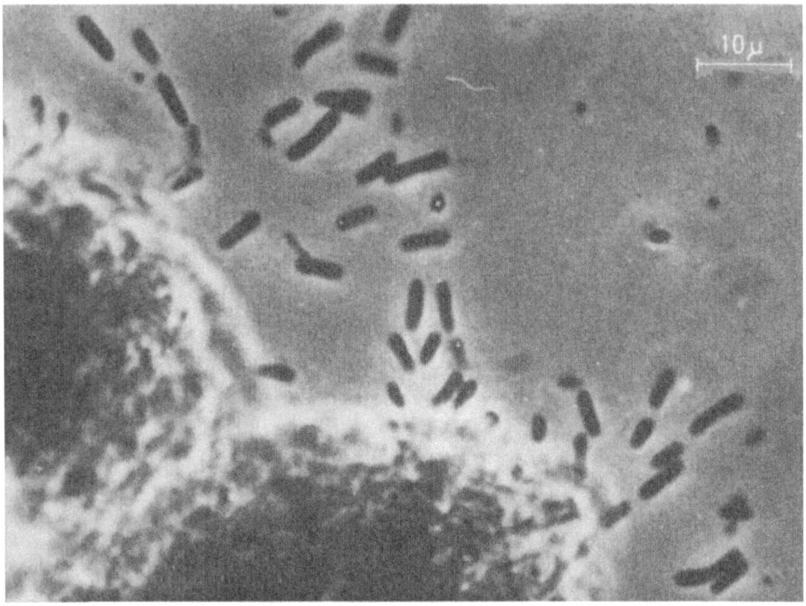

Abb. 13 Phenol- und rhodanidabbauende Bakterien (Phasenkontrastaufnahme)

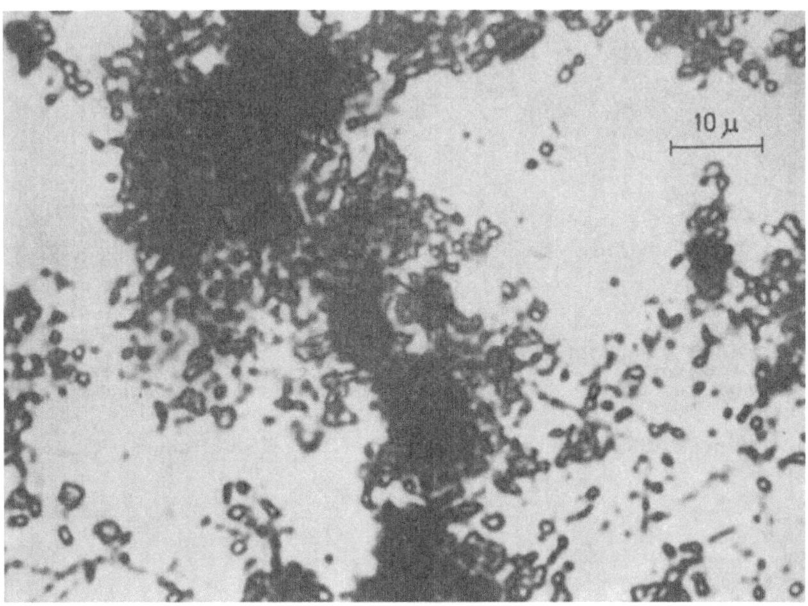

Abb. 14 Nitrifizierende Bakterien (Hellfeldaufnahme)

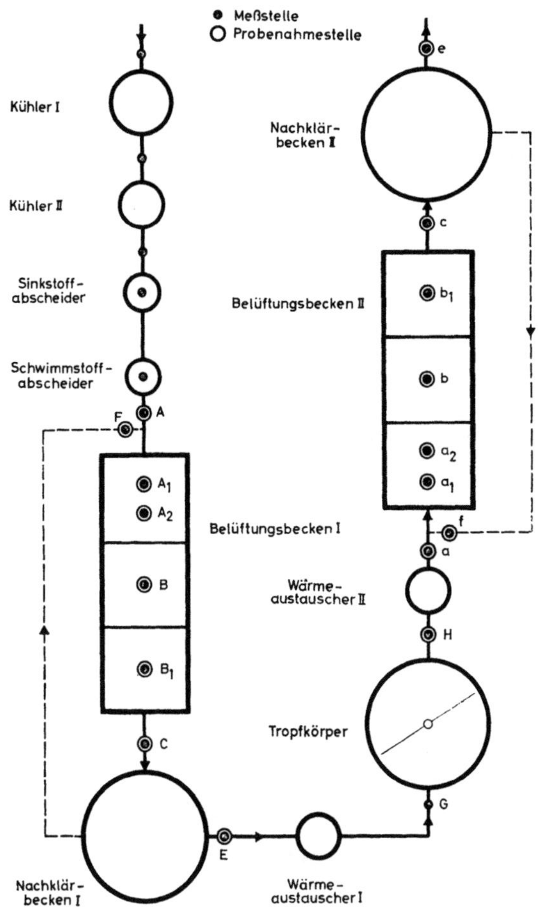

Abb. 15 Schema der Meß- und Probenahmestellen

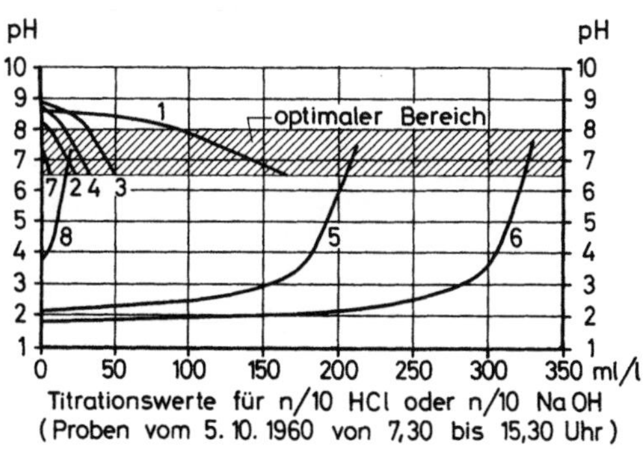

Abb. 16 Titrationskurven zur Neutralisation des Abwassers der Kokerei Emil

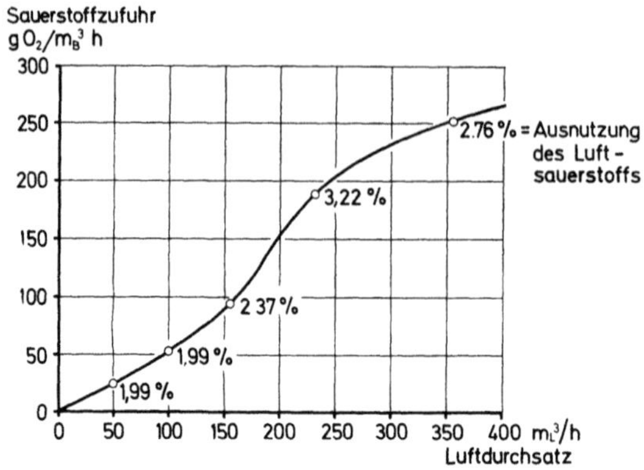

Abb. 17 Ergebnisse der Sauerstoffeintragsversuche

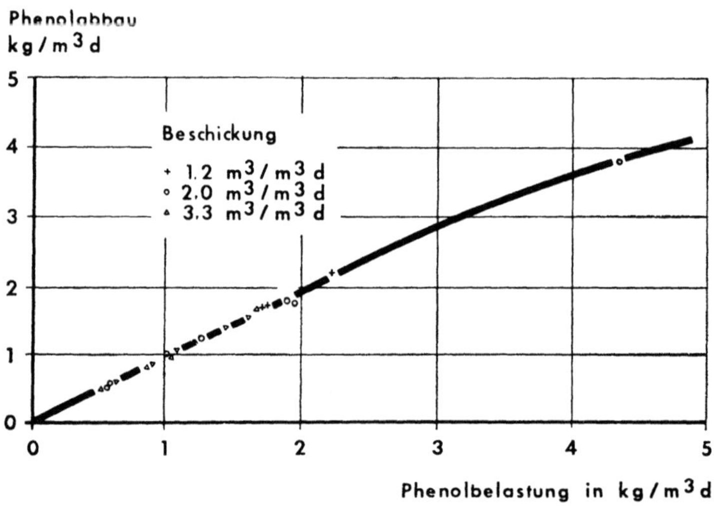

Abb. 18 Phenolbelastung und -abbau

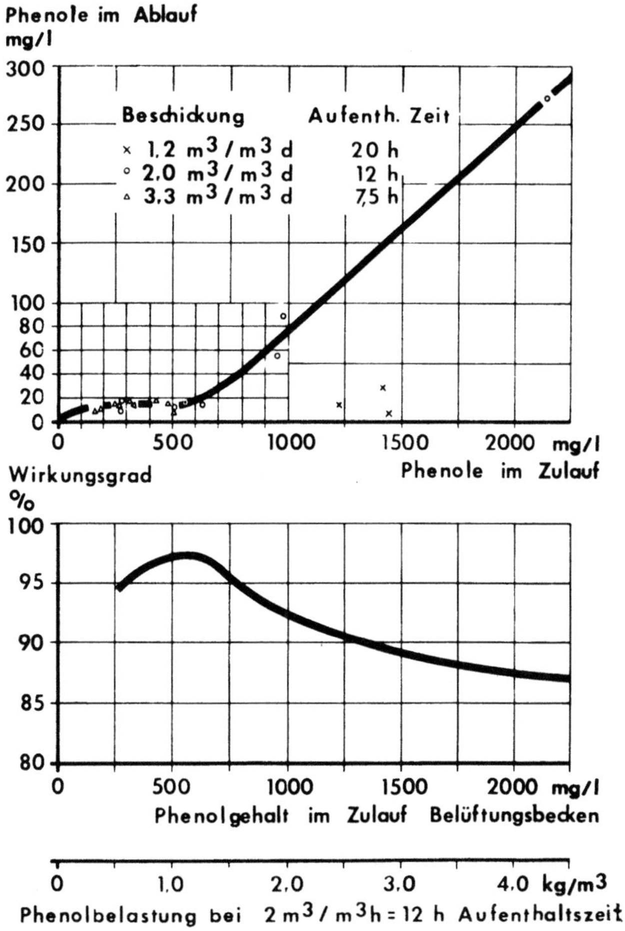

Abb. 19 Phenolabbau in Abhängigkeit von der Zulaufkonzentration

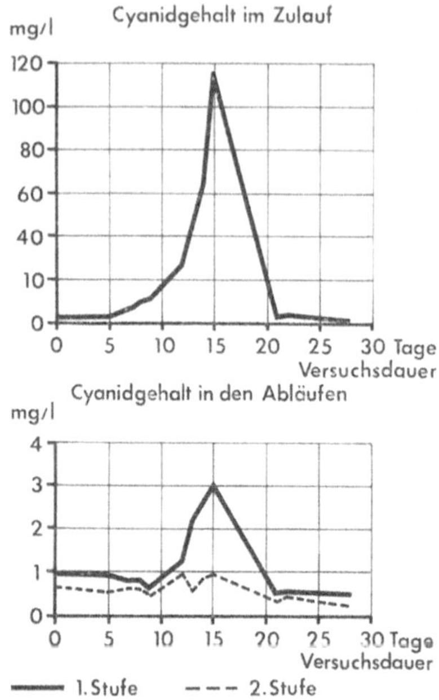

Abb. 20 Verminderung des Cyanidgehaltes bei zweistufiger Behandlung

Abb. 21 Biologische Reinigungsanlage für Kokereiabwässer in Coedely, England

Abb. 22 Biologische Reinigungsanlage für Kokereiabwasser in Shotton, England

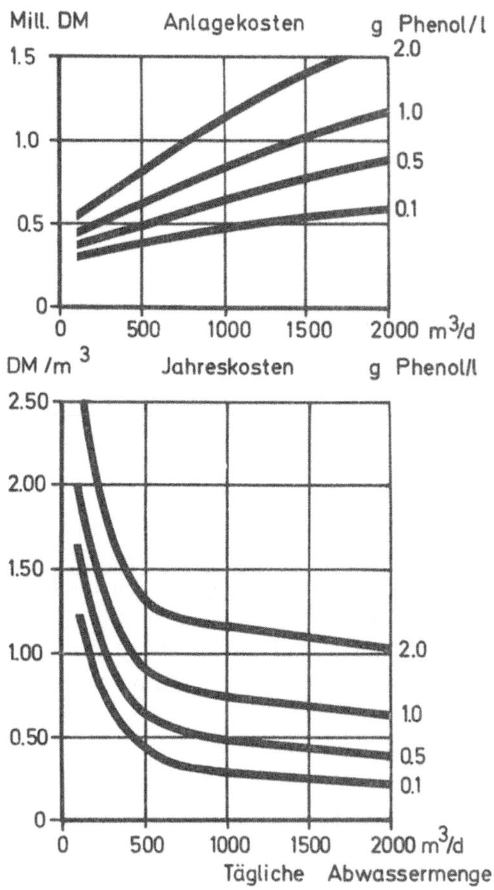

Abb. 23 Kosten der einstufigen biologischen Reinigung von Kokereiabwasser (Preisindex 1969)

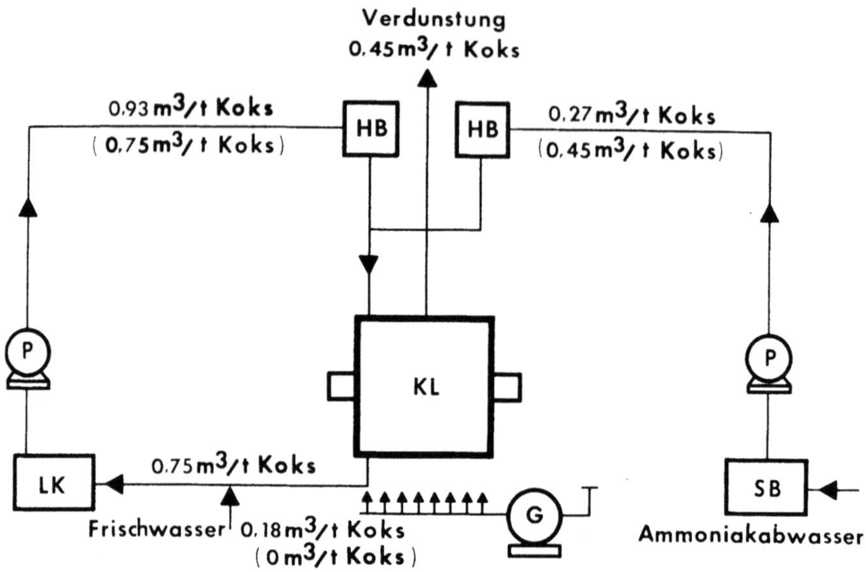

Abb. 24 Einstufiges Kokslöschen mit Ammoniakabwasser

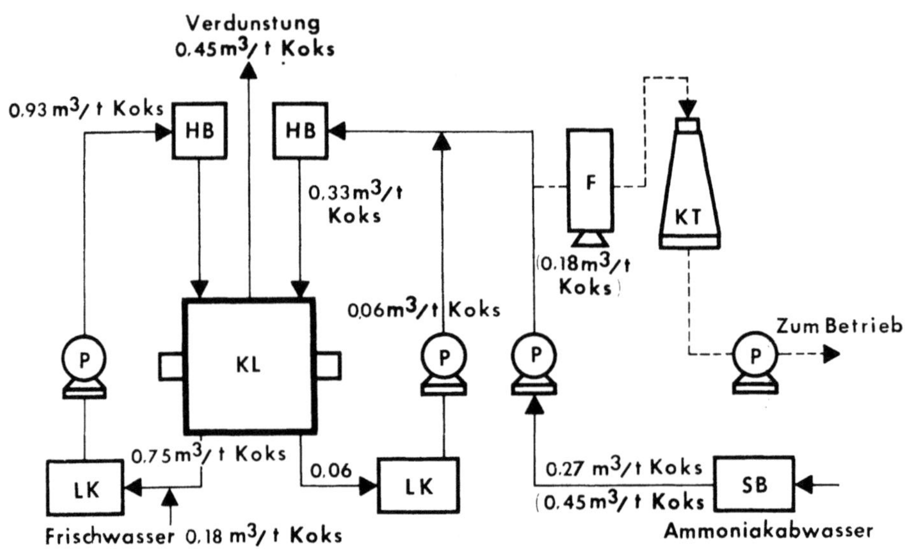

Abb. 25 Zweistufiges Kokslöschen mit Ammoniakabwasser

Forschungsberichte des Landes Nordrhein-Westfalen

Herausgegeben im Auftrage des Ministerpräsidenten Heinz Kühn
von Staatssekretär Professor Dr. h. c. Dr. E. h. Leo Brandt

Sachgruppenverzeichnis

Acetylen · Schweißtechnik

Acetylene · Welding gracitice
Acétylène · Technique du soudage
Acetileno · Técnica de la soldadura
Ацетилен и техника сварки

Arbeitswissenschaft

Labor science
Science du travail
Trabajo científico
Вопросы трудового процесса

Bau · Steine · Erden

Constructure · Construction material · Soil research
Construction · Matériaux de construction · Recherche souterraine
La construcción · Materiales de construcción · Reconocimiento del suelo
Строительство и строительные материалы

Bergbau

Mining
Exploitation des mines
Minería
Горное дело

Biologie

Biology
Biologie
Biologia
Биология

Chemie

Chemistry
Chimie
Quimica
Химия

Druck · Farbe · Papier · Photographie

Printing · Color · Paper · Photography
Imprimerie · Couleur · Papier · Photographie
Artes gráficas · Color · Papel · Fotografía
Типография · Краски · Бумага · Фотография

Eisenverarbeitende Industrie

Metal working industry
Industrie du fer
Industria del hierro
Металлообработывающая промышленность

Elektrotechnik · Optik

Electrotechnology · Optics
Electrotechnique · Optique
Electrotécnica · Optica
Электротехника и оптика

Energiewirtschaft

Power economy
Energie
Energía
Энергетическое хозяйство

Fahrzeugbau · Gasmotoren

Vehicle construction · Engines
Construction de véhicules · Moteurs
Construcción de vehículos · Motores
Производство транспортных средств

Fertigung

Fabrication
Fabrication
Fabricación
Производство

Funktechnik · Astronomie

Radio engineering · Astronomy
Radiotechnique · Astronomie
Radiotécnica · Astronomía
Радиотехника и астрономия

GPSR Compliance

The European Union's (EU) General Product Safety Regulation (GPSR) is a set of rules that requires consumer products to be safe and our obligations to ensure this.

If you have any concerns about our products, you can contact us on ProductSafety@springernature.com

In case Publisher is established outside the EU, the EU authorized representative is:

Springer Nature Customer Service Center GmbH
Europaplatz 3
69115 Heidelberg, Germany

Batch number: 10584556

Printed by Printforce, the Netherlands